图像演化模型理论分析及其应用

张萌萌　杨志辉　著

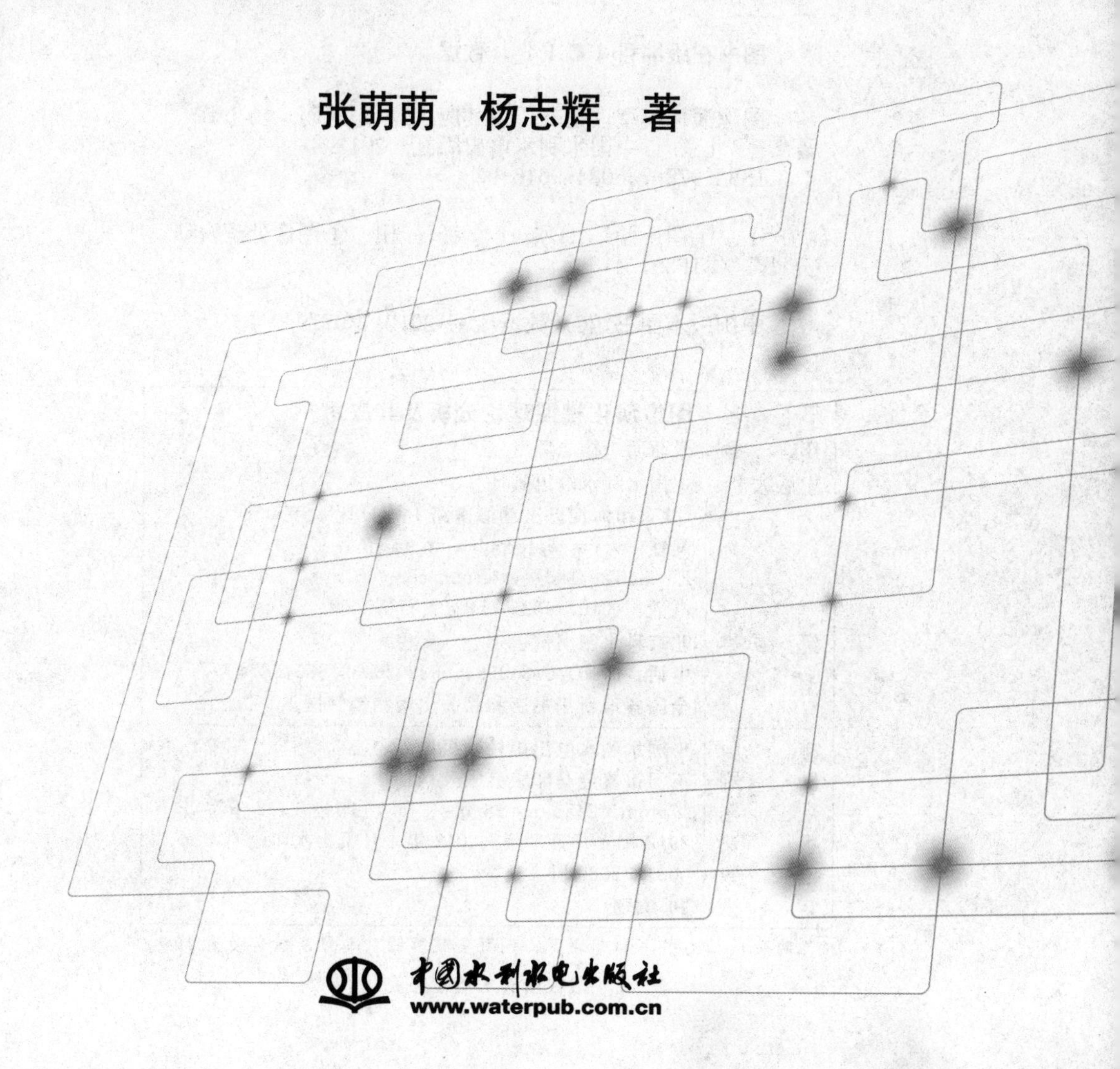

中国水利水电出版社
www.waterpub.com.cn

内 容 提 要

本书借鉴动力系统理论中的演化思想，系统地阐述了二维图像的尺度模型性质、特征点理论以及利用演化理论分析图像几何特征等内容，并将相关理论研究结果应用于图像特征提取、边缘检测、几何形状分析及自适应去噪等问题。这些研究可以为进一步进行图像匹配和图像识别提供基础。

本书可作为大专院校应用数学类、图像处理和模式识别类专业的研究生教材，也可供相关专业科技人员参考使用。

图书在版编目（CIP）数据

图像演化模型理论分析及其应用 / 张萌萌，杨志辉著. -- 北京 : 中国水利水电出版社，2012.4
ISBN 978-7-5084-9616-0

Ⅰ. ①图… Ⅱ. ①张… ②杨… Ⅲ. ①图像处理一研究 Ⅳ. ①TP391.41

中国版本图书馆CIP数据核字(2012)第077960号

书　　名	图像演化模型理论分析及其应用
作　　者	张萌萌　杨志辉　著
出版发行	中国水利水电出版社 （北京市海淀区玉渊潭南路 1 号 D 座　100038） 网址：www.waterpub.com.cn E-mail：sales@waterpub.com.cn 电话：(010) 68367658（发行部）
经　　售	北京科水图书销售中心（零售） 电话：(010) 88383994、63202643、68545874 全国各地新华书店和相关出版物销售网点
排　　版	中国水利水电出版社微机排版中心
印　　刷	三河市鑫金马印装有限公司
规　　格	175mm×245mm　16 开本　6.75 印张　132 千字
版　　次	2012 年 4 月第 1 版　2012 年 4 月第 1 次印刷
印　　数	0001—2000 册
定　　价	**20.00** 元

前　言

演化是数学动力系统理论研究中一个基本现象，普遍存在于各类实际模型中，诸如微分方程、差分方程等。其基本思想是根据演化模型，讨论相关解随时间或一些特定参数变化的性质，进而通过选择合适的参数值得到所需的模型解。

本书尝试在计算机图形图像处理中引入演化的思想，从公理化角度建立统一的理论研究框架。这种研究方法有助于融合当前的图形曲线演化以及基于偏微分方程的图像处理技术。事实上，尽管曲线演化模型和图像偏微分方程模型从形式上来看有较大差异，但本质上都是通过引入演化参数，构建满足一定条件的微分方程模型。接着通过分析模型演化解的性质，实现诸如图像去噪、分割、边缘检测、图像匹配、曲面和形状重构等目的。因此，在统一的框架下研究图像演化模型有助于借鉴相近技术之间的长处，弥补不足；同时也有利于在原有模型的基础上进一步构建新的演化模型体系。

本书先从公理化的角度，阐述了统一的演化模型理论研究框架，随后分两条主线展开论述。一条主线是通过分析典型演化模型的特征点基本性质，研究演化模型的深层结构，并将之应用于图像匹配和边缘检测方面；另一条主线是在现有偏微分方程模型研究的基础上，构造了具有新的演化模型以实现图像自适应去噪和骨架提取的功能。

本书得到了国家自然科学基金（61103113）、北京市中青年骨干教师项目（PHR201008199，PHR201008187）和北京市优秀人才项目资助（2010D005002000008）的支持。同时感谢北京科技大学杨扬教授为本书所提供的指导性建议，感谢北方工业大学刘志博士以及李泽明、马岭、郭芳芳、李夏、崔文娟等同学为本书所作的建设性工作。

由于从演化角度来研究图像偏微分模型还是一个较新的课题，内容十分广泛，各章内容也仅是取材于作者的研究领域，一些提法和观点还值得商榷，不妥之处敬请读者批评指正。

作者

2012年1月

摘 要

图像演化模型分析是目前图像处理研究中较为活跃的前沿领域之一，广泛应用于图像平滑、去噪、分割、特征提取和匹配等方面，开展相关研究对于在图像处理领域建立严格统一的数学研究体系并将其付之应用具有重要的理论和示范意义。

本书在综述大量研究文献的基础上分析了不同图像演化模型之间的理论联系，建立了统一的理论框架，进而研究了演化模型的作用机理和相关数值算法；然后从较为简单的Gauss模型入手，利用奇点理论研究模型特征点的演化性质，从理论上揭示Gauss模型的深层结构。在一般图像特征点理论研究的基础上，本书着重讨论了两类特征点：分岔点和曲率过零点，并将模型和算法进一步应用于图像匹配和边缘检测。同时，在另一类重要的图像特征——骨架研究方面，借鉴基于能量函数的水平集思想，提出了一种新的基于多尺度理论的图像骨架提取算法。此外，由于Gauss模型是一类各向同性算子，因而本书还建立了新的各向异性扩散方程模型，应用于图像去噪，并使之具有较好的自适应性。本书的主要研究工作和创新性工作有以下几点：

(1) 本书通过对图像结构相似度分析方法的改进，构造了一类新的非线性自适应扩散模型并应用于图像去噪，相应的算法可自适应地确定迭代步数并很好地保留图像的边缘。与传统的各向异性模型相比，该算法简单易行，可在无需人工干预的情况下，有效地去除图像噪声，同时能够保留图像边缘信息，具有较好的自适应性。

(2) 本书利用奇点理论论证了二维尺度图像特征点的演化状况，尤其是特征点的融合与生成内在机理，给出了图像深层结构的严格描述与证明。这些研究可为目前尺度空间的应用研究提供理论保证，同时本书关于特征点的性质分析与证明可为后续尺度空间在图像匹配、运动跟踪、图像分割等领域的应用提供算法基础。

(3) 本书分析了两类重要的图像特征点——分岔点和曲率过零点的基本性质，并在此基础上给出了新的图像匹配算法和边缘检测算法。关于这两类特征点的研究为从多尺度角度研究图像提供了有益的尝试，并为进一步拓宽多尺度应用领域提供了切实可行的思路。

(4) 本书通过对快速行进法进行改进并结合水平集方法，提出了一种提取狭长带状图像骨架的算法。利用该算法可以导出连续完整的单像素骨架，有效克服了目前提取图像骨架研究中的间断和毛刺问题。同时由于该算法具有较好的抗噪性，为处理医学图像及进一步医疗诊断分析提供辅助手段奠定了良好的基础。

上述研究较为系统地刻画了多尺度图像典型几何特征的演化性质，并将之应用于图像匹配、边缘检测等领域，这为进一步综合深入研究图像的多尺度信息、拓展医学图像等应用领域提供了新的思路和理论基础。另外，本书研究建立在演化思想的统一框架下，这有利于从总体上把握目前不同研究模型的共性，通过分析各模型之间的内在联系和作用机理，可以互为借鉴，为构造合适的优化算法奠定了基础。

目　录

第1章 引 言

1.1 课题研究背景

目前在图像处理与计算机视觉研究中建立数学模型[1]来分析诸如图像特征提取、形状分析、图像分割、修复和匹配等问题已成为重要而有效的手段[2,3]。演化模型是其中一类重要的分析工具[4,5]，它与偏微分方程密切相关[6,7]。

演化模型的基本思想是通过引入尺度参数，在公理化准则的基础上直接构造偏微分方程；或者通过构造合适的目标函数，得到相应的优化问题，进而利用变分法导出偏微分方程，再结合有限差分法求解。本书需要说明的是借助于多尺度的思想研究图形图像处理中的问题，不仅仅是在研究方法上提供了一种新的研究思路和工具，事实上，多尺度的研究体系也是满足人类视觉特征的[8,9]。例如，当人们观察一棵大树时，为了掌握这棵树的主题脉络和细节特征，通常是在不同的距离上观察。在远处，可以较好的把握树的主体结构和轮廓；当有时为了进一步研究的需要，还需要研究感兴趣部分的具体细节，如枝叶的形状、位置信息等。只有综合分析这些不同尺度下的分析结果，人们才能够很好的了解这棵树的详细情况。

高斯模型是较早出现在图像处理中的偏微分方程，实质上是一种线性滤波，在图像平滑与去噪方面具有较好的效果。由于 Gauss 尺度模型为各向同性算子，因此 Albert 和 Cattle 等人提出保留边缘的非线性尺度模型[1,10]。关于这些模型的研究较多的直接借助于典型偏微分方程的性质。

近年来，Mokhtarian 提出曲率尺度空间[3-5]，这种含参数偏微分方程可以用于图像边缘提取、分割等领域。

通过尺度思想引入的扩散方程是一类特殊的非线性偏微分方程。而在图形图像处理领域中，利用水平集方法构造的能量函数，再结合变分法也可导出 Hamilton-Jacobi 方程[11-13]：

$$f_t = F(k)(f_x^2 + f_y^2) \tag{1-1}$$

式中：k 为曲率。

事实上，借用动力系统定性理论，这些模型最终都可归结为图像演化问题，即通过分析相应的偏微分方程解的演化状态，求出静态解，进而实现图像分割、匹配等目的[14,15]。这种思想可以集成不同尺度下的复杂目标函数，因而可以较为精确地实现图像处理功能，如图 1－1 所示。这也印证了通常所说的“组合起来比单个相加更有优势”[16]。

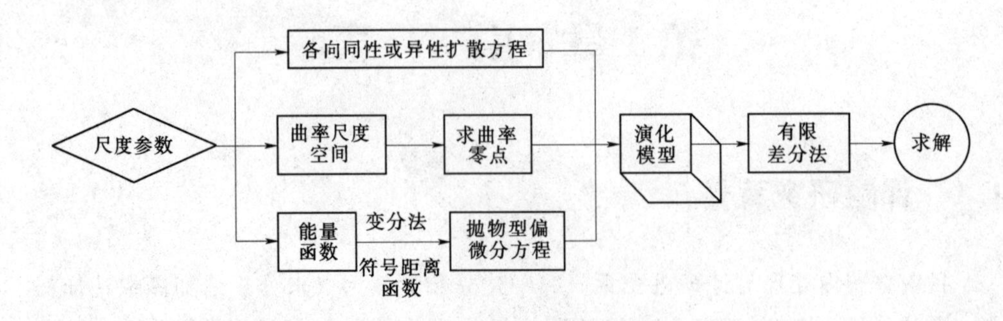

图 1－1　演化模型基本思想框图

本书工作将在图像尺度模型特征点理论及应用、自适应去噪方法以及利用尺度理论分析图像集合特征等方面展开，主要涉及图像特征提取、边缘检测、几何形状分析等问题。这些研究可以为进一步进行图像匹配和图像识别提供基础。研究内容主要包括：

第 2 章将在统一的理论体系下讨论图像演化模型，着重阐述图像处理领域中各种典型偏微分方程的内在联系及相关应用，为后续应用研究提供理论框架。

第 3 章针对目前非线性扩散方程在应用时，如去噪和平滑，需人工确定算法迭代步数的不足，通过引入自相似方法，构造图像去噪的自适应算法，可在有效去除噪声的同时，保证图像不过于平滑，细节丢失。

第 4 章建立了研究二维尺度图像的理论基础。通过详细分析在 Gauss 模型作用下图像特征点的演化状况，尤其是特征点的融合与生成内在机理，给出了在分析图像深层结构时可以只考虑图像融合现象的严格描述。同时还分析了图像的 Zero－crossing 问题，并尝试将之应用于图像分割及边缘检测[13,14]；这些研究将为后续的尺度空间应用于图形图像处理提供理论基础。

第 5 章分析了两类特殊的尺度图像特征点：分岔点以及过零点的基本性质，并应用于图像匹配和边缘检测。

第 6 章利用水平集方法研究带状狭长图像，如医学神经血管图像等的骨架提取问题。本书试图通过改进现有的快速行进法，导出连续完整的骨架，为医疗诊断分析提供辅助手段。

1.2　课题研究意义

本书将展开图像尺度模型、水平集偏微分方程模型以及多尺度图像特征分析及其应用等研究，主要涉及图像分割、基于多尺度的特征提取及应用、边缘检测等问题。这些研究为进一步进行图像匹配和图像识别提供重要的研究方法和工具。

图像特征提取位于图像处理较低层次的阶段，是目前许多图像处理算法的前期基础。特征提取方法的优劣性在一定程度上决定了整个算法的处理结果的好坏，因此关于图像特征的研究具有非常重要的基础性作用。

目前在图像处理领域尚没有关于图像特征点的统一定义，本书所研究的图像特征点指的是图像模型的局部临界点，如边缘点、拐角点、Topoint、Blob点以及Ridge等，都可以在统一的框架下纳入本书的研究范围[6,7]。关于图像特征点进行深入研究将为图像边缘检测、分割、图像重构等高层次图像分析领域提供基础。

现在已有较多模型与算法，如SUSAN、FAST、LG等方法，可用于边缘、拐角点的检测。但综合分析发现这些方法均具有一定的局限性，而且通常这些算法的有效性大多依赖于仿真实验，缺乏必要的理论基础分析，这就使得在给定的条件下很难判断选用何种算法进行特征点提取。甚至在同一幅图像中，其特征点不只一个，而且性质各不相同，由于现有的特征提取算法计算量都比较大，而且方法之间相对独立，采用不同的特征点提取算法进行分析将是非常耗时，不利于实际应用。

基于上述问题，可以利用奇点理论[8,9]，在统一的框架下对尺度化的图像模型临界点进行分析，这有利于揭示图像特征点之间的内在联系，并以此为基础，结合现有的特征点检测算法，给出自适应较好的系统的特征点检测算法，这对于进一步研究图像分割、重构、匹配等算法提供了重要的理论与算法基础。此外，上述研究可以为医学图像处理提供一些新的思路和方法，为进一步医疗辅助诊断和分析提供理论和算法基础。

相关的理论研究也有助于推动运用严格的数学工具解决图像处理中的核心问题，如有利于分析图像边缘的演化形态[10]，在统一理论框架下的模型离散化方法也可为目前的实用算法设计提供基础[11]。

第2章　基于演化思想的图像处理技术

本章将阐述以偏微分方程为基础的演化模型在图像处理中的相关应用技术。通过引入尺度参数，可以构造适应各种特殊图像处理要求的演化模型，从理论上分析模型解的存在性和唯一性，并将之应用于图像处理的去噪、分割、特征提取等领域。

2.1　图像处理演化模型的基本思想

近30年，利用基础数学理论解决传统图像处理和分析领域的问题，进而建立全新的图形图像处理和计算机视觉研究体系是目前这些领域研究的典型特征。所关联的数学理论几乎涉及所有的基础数学[17]分支：统计学、概率论、随机过程、代数数论、微分几何及黎曼几何、变分方程等，而且都有较为成功的应用。尽管这些研究所提出的算法在初始阶段都是探索式的，缺乏普遍适用的理论基础，在应用时也存在着这样或是那样的缺陷，但随着研究的深入，还是可以看到相关理论不断得到完善，应用领域逐渐拓展，最后发展成为一个严格的研究体系，而且还在不断发展。这印证了David Marr[18,19]所指出的：结合数学理论的复杂算法对于建立和研究生物视觉的理论基础具有深远的意义。

图像演化方程是众多数学理论在图像处理和计算机视觉[20]中成功应用例子中的一个。其基本思想是通过引入一个尺度参数，遵循一些公理化准则或者利用变分方法构建随尺度参数演化的模型，通常这些方程为线性或非线性的偏微分方程。边值条件是初始图像或者曲线，输出则为基于图像内容的代表性描述，如出现在场景中的物体。

这里有必要说明一下引入尺度参数的合理性，事实上，这是符合人类生物视觉特征的。日常生活中视觉是人们获得外界信息的主要来源之一，与触觉相比，它允许人们从不同的距离获取物体的信息，形成一个三维的立体世界，并且不会对其自身造成影响。然而对于机器视觉而言，为机器或者机器人提供视觉能力，首先要解决的任务是让机器或机器人看明白哪些是最重要的对象。

如何处理这个问题呢？不妨先来看一个例子。当看到一个分辨率低的图像时，可以设法通过感知到的较大信息，向感兴趣的研究对象靠拢。可以主动地采取一些类似于调节距离、转向角度等方法获得有关三维结构的更多信息。用这种方法可以以一种独一无二自下而上的方式从图像中提取出显著的结构，并且还可以为处理那些没有任何先验信息的结构选择恰当的尺度。

具体来说，现实中的物体及图像中的细节[21,22]，这些有意义的实体都是在有限的尺度范围内存在，不同于理想的数学实体，例如点、线、边缘，必须考虑到所关注对象的观察尺度。例如，树的枝叶在厘米到米的数量级上才有意义，在微米或者纳米数量级则没任何意义。在这些数量级上可以讨论组成树叶的分子或者由树生长成的森林。相似的，在大尺度的范围内谈论一片云有意义，小尺度则谈论小的水滴更合适，同时还包括水滴、原子、质子和电子等。

这个事实在实验科学中是众所周知的。在物理学中，世界由几个等级的尺度描述组成，物理描述强烈依赖于世界模型的尺度。在生物学中，动物的研究可以不仅仅在大的尺度上，还可以通过显微镜以小尺度观察完全不同的个体细胞。

这些例子证明了如果目标是为了描述世界的结构，尺度的概念是关键性的，或者更特殊一点，世界的外观结构是二维数据集。正如 Koenderink[23] 在 1984 年所强调的：任何图像都要面对尺度问题。现实世界中，物体的范围由两个尺度决定——内部尺度和外部尺度。物体的外部尺度可以描述为能包含整个物体的最小窗口的尺寸，而内部尺度则可以宽泛的解释为物体的子结构或者特征开始出现的尺度。

尽管尺度的重要性早就广为人知，但尺度的概念仍然很难以形成规范的数学理论并加以应用。以严格的理论形式处理尺度概念也仅仅是近 30 年的事。发展的动力来源于提高图像处理、计算机视觉及信号处理的鲁棒性的需要。

以信号处理为例。当处理信号数据时，通常没有一般的先验知识预先知道该采用何种特定的尺度来观察信号，唯一合理的解决办法是视觉系统必须能够处理所有尺度的信号。为一个信号创建一个多尺度空间的具体做法是通过与合适的函数做卷积，产生一个初始信号的单参数族，要求其中的小尺度信号充分压缩，移除小尺度细节，即高频信息，保留刻画大尺度细节的低频部分，从而起到简化数据的作用。同时在必要时，又可以通过在小尺度下分析研究感兴趣的高频信号部分。

在应用中，对信号或者图像进行多尺度表示，可以压缩或移除不必要及冗余的细节，使得下一阶段的处理变得简单。从技术层面说，这种表示方法可以满足在大量噪声混杂的数字计算中对于预处理阶段平滑的常规需求。

引入尺度参数[24]的最终目的是构造图像演化模型。通常这类演化模型，从数学上讲，是偏微分方程。方程的初值条件为原始图像，将演化图像看为偏微分方程的解。由于偏微分方程的构造满足某些图像处理的要求，因而最终方程的解，即输出图像就能达到具体的图像处理的目的。

2.2　演化模型的理论研究现状及应用

2.2.1　Gauss尺度模型及相关性质

通常认为最早的演化模型是由Witkin[25]于1983年提出，这种线性模型被称为Gauss尺度模型，通过初始图像或信号和高斯核做卷积得到。给定一个信号 f：$R \to R$，尺度空间定义为 L：$R \times R_+ \to R$，尺度为零时表示原始信号：

$$L(\cdot;0) = f(\cdot) \tag{2-1}$$

其余尺度下的信号表示可通过与高斯核卷积得到：

$$L(\cdot;t) = g(\cdot;t) * f \tag{2-2}$$

具体来说，卷积后的尺度表示为：

$$L(x;t) = \int_{\varepsilon=-\infty}^{\infty} g(\varepsilon;t) f(x-\varepsilon) \mathrm{d}\varepsilon \tag{2-3}$$

式中：g：$R \times R_+ \to R$ 为（一维）高斯核：

$$g(x;t) = \frac{1}{\sqrt{2\pi t}} \mathrm{e}^{-x^2/2t} \tag{2-4}$$

Koenderink[26]随后指出Gauss尺度模型满足线性扩散方程：

$$\begin{aligned} u_t &= u_{xx} + u_{yy} \\ u(x,y;0) &= f(x,y) \end{aligned} \tag{2-5}$$

式中：$f(x,y)$ 为初始图像。

这里需要指出的是，多尺度信号的表示并非是一个全新的概念。Weickert在1999年[27]文中曾说明，事实上早在1959年日本研究人员就曾提出过类似的思想，并应用于医疗诊断、字幕识别等领域。Rosenfeld和Thurston在1971年也做过类似的研究。他们研究了在边缘检测中使用不同尺度算子的优点。Klinger、Uhr、Hanson和Riseman使用不同的空间分辨率水平集描述图像，例如大量的二次采样。Burt和Crowley在对这些方法改进的基础上提出了一种至今仍被广泛使用的多尺度表示方法—金字塔法。只不过由于Witkin和Koenderink的基础性工作并将Gauss尺度空间理论应用于图像处理领域，图像的多尺度表示方法才成为一个活跃的领域。

由式（2-1）可以看出，Gauss尺度演化模型是将一个信号嵌入到一个信号单参数族中，尺度空间中的尺度参数 $t \in R_+$ 用来描述当前的尺度层。另外从式（2-3）中卷积的物理意义也可以看出，信号 f 的尺度空间表示 L 可以理解为初始分布 f 随时间 t 在均匀的媒介中扩散的结果。因此小尺度的细节消失几乎是必然的结果，而且随着尺度参数的增加图像会变得模糊（如图2-1所示）。

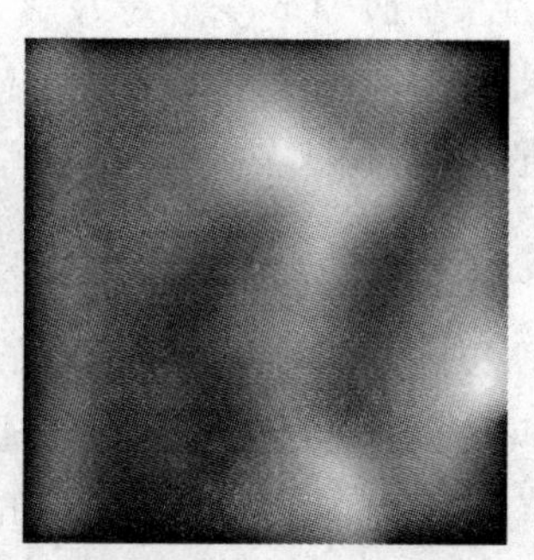

图 2-1 尺度空间演变效果

当图像演变过程中，很自然地产生一个问题：图像的特征或者结构是如何变化的。从上面 Lenna 图像的演化来看，随着尺度的增加图像特征逐渐消失。如果在大尺度图像中有不与小尺度图像重要区域对应的新的结构诞生，那么决定大尺度图像中的特征是否对应于从原始数据得到的大尺度的结构是不可能的，或者仅仅是由平滑造成的原始数据噪声放大而不是数据的意外现象。因此，当由小尺度到大尺度转换时不引进新的结构是极其重要的。因此本书需要对模型进行进一步分析。

对于一个已知信号，可能存在着多种方法来构造一个连续的单一参数族，但不管何种构造方法，当尺度参数增大时细尺度信息被连续地抑制都应是构造尺度空间描述的主要思想。这种思想揭示了信号的固有属性，即平滑方法不会使信号自身产生杂乱的结构。

下面将结合不同的尺度空间构造方法，利用严格的数学理论阐述尺度空间的上述平滑性质。

Koenderink[23] 在 1984 年第一次给出了高斯平滑对尺度空间描述的必要性的证明，并把尺度空间理论扩展到更高的维数。事实上，由于微分可以与卷积运算交换，即：

$$\begin{aligned}\partial_{x^n}L(\cdot;t) &= \partial_{x^n}(g(\cdot;t)*f)\\ &= g(\cdot;t)*\partial_{x^n}f\end{aligned} \tag{2-6}$$

一阶导数 L_x 的过零点就是 L 的一个极值点，局部极值[28,29]的不可生成性是指 L 的任意阶导数的零点在尺度上形成封闭曲线，如图 2-2 所示。

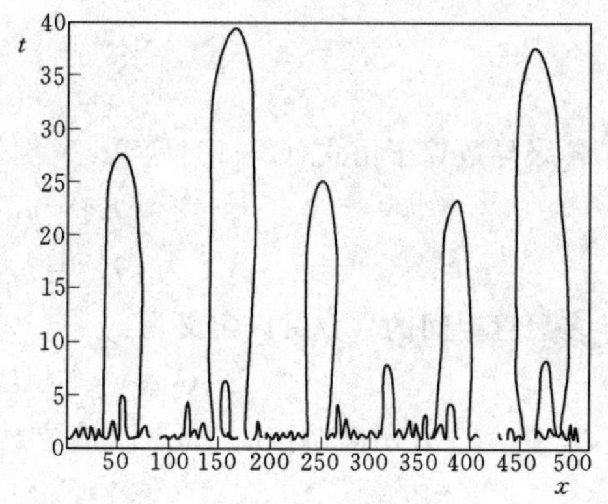

图 2-2 尺度空间中曲率过零点位置

通过引入因果性的概念，Koenderink[23] 指出当尺度空间参数增大时不可能构造出新的水平面$\{(x,y;t)\in R^2\times R:L(x,y;t)=L_0\}$。再结合高斯核函数各向同性的概念，即以相同的方式处理空间位置和所有的尺度级，他证明了尺度空间描述必然满足扩散方程：

$$\partial_t L=\frac{1}{2}\nabla^2 L \tag{2-7}$$

所以，高斯核是无限域上的扩散方程的格林函数，满足高斯核是唯一能产生尺度空间的内核的特性。另外，通过假设尺度空间中任意点的灰度级函数关于空间坐标都有一个对应最大值来研究的。如果没有在增长的尺度中构造新的水平面，则必须指出递减尺度的水平面的凹面，这会产生水平面曲率[30]的标记状态，由尺度空间的导数形式按照扩散方程对应的空间和尺度坐标来表示，所以在该处获取极值的点不能看作是已知的先验点，因而新的结构是不可能生成的。

平滑的这一点性质也可以从物理学角度得到。事实上，由于扩散方程是抛物型偏微分方程，而抛物型偏微分方程具有很好的最大值原则[30]就是描述方式的局部极值非增强性。

(1) 在特定的尺度$t_0\in R_+$下，点$x_0\in R$是映射$x\mapsto L(x;t_0)$的局部最大值，则$\nabla^2 L(x_0;t_0)$在这点的值为负，也就是说$\partial_t L(x_0;t_0)<0$。

(2) 如果点$x_0\in R$是映射$x\mapsto L(x;t_0)$的局部最小值，则$\nabla^2 L(x_0;t_0)$在这点的值为正，也就是说$\partial_t L(x_0;t_0)>0$。

也就是说，式(2-7)中的运算具有抑制局部变化的作用。在热扩散的物理分析理论中，这个结果可以解释为一个温度高得点不会变得更热，一个温度低的点不会变得更冷。

在一维的情况下，水平面就变成了曲线，也满足上述的局部极值的不可生成性质。Yuille、Poggio、Babaud[32,105]等人都在其相关著作中给出过类似的结论。

另外对于尺度图像导数还具有如下重要性质。用以下方式引入多指标的概念，令$n=(n_1,\cdots,n_n)^T\in Z_+^N$，其中$n_i\in Z_+$，$x=(x_1,\cdots,x_N)^T\in R^N$，用式(2-8)定义$x^n$：

$$x^n=x_1^{n_1}x_2^{n_2}\cdots x_N^{n_N} \tag{2-8}$$

各级导数算子由式(2-9)定义：

$$|n|=n_1+n_2+\cdots+n_N \tag{2-9}$$

$$\partial_{x^n}=\partial_{x_1^{n_1}}\partial_{x_2^{n_2}}\cdots\partial_{x_N^{n_N}} \tag{2-10}$$

多尺度空间的导数可以定义为：

$$L_{x^n}(\cdot;t)=\partial_{x^n}L(\cdot;t)=g_{x^n}(\cdot;t)\times f \tag{2-11}$$

其中，g_{x^n}表示高斯核的$|n|$阶偏导数。用显式的积分形式，卷积可以写为：

$$L_{x^n}(x;t)=\int_{x'\in R^n}g_{x^n}(x-x';t)f(x')\mathrm{d}x'$$

$$=\int_{x'\in R^n} g_{x^n}(x';t)f(x-x')\mathrm{d}x' \qquad (2-12)$$

式（2－12）的结果称为信号 f 在尺度 t 上的尺度空间导数。由上可以看出，所有 L 的任意阶导数都满足扩散方程 $\partial_t L_{x^n}=\frac{1}{2}\nabla^2 L_{x^n}$，这个性质在图像特征提取方面具有重要的作用。

上面说明了图像与 Gauss 核卷积可以产生平滑的性质，但 Gauss 核的选择是否具有唯一性呢？是否可以在此基础上改进尺度空间模型？下面将逐一论述。

首先，观察对象的线性和平移不变性可以用卷积算子来表达。假设信号 $f:R^N\to R$ 的尺度空间描述 $L:R^N\times R_+\to R$ 是由平滑核 $h:R^N\times R_+\to R$ 与单一参数族的卷积来构造：$L(\cdot;t)=h(\cdot;t)\times f$，在傅里叶域上式可以写成：

$$\hat{L}(\omega;t)=\hat{h}(\omega;t)\hat{f}(\omega) \qquad (2-13)$$

Pi－theorem 定理规定：如果一个物理过程是尺度独立的，则可以用无量纲变量的形式来表示。引入量纲和变量：

$$[lu\text{minance}]:\hat{L},\ \hat{f}$$
$$[\text{length}]^{-1}:\omega,\ 1/\sqrt{t} \qquad (2-14)$$

$\hat{L}/\hat{f}$ 和 $\omega\sqrt{t}$ 都是无量纲变量，由 Pi－theorem 定理，扩散方程中尺度不变的必要性可以表示成：

$$\frac{\hat{L}(\omega;t)}{\hat{f}(\omega;t)}=\hat{h}(\omega;t)=\hat{H}(\omega\sqrt{t}) \qquad (2-15)$$

对于函数 $\hat{H}$：$R^N\to R$，一个必要条件是 $\hat{H}(0)=1$，否则不符合 $\hat{L}(\omega;0)=0$。

如果 h 对于尺度参数具有半群性质，则在傅里叶域中必有式（2－16）成立。

$$\hat{h}(\omega;t_1)\hat{h}(\omega;t_2)=\hat{h}(\omega;t_1+t_2) \qquad (2-16)$$

用 $\hat{H}$ 的形式表示为：

$$\hat{H}(\omega\sqrt{t_1})\hat{H}(\omega\sqrt{t_2})=\hat{H}(\omega\sqrt{t_1+t_2}) \qquad (2-17)$$

首先假设 $\hat{H}$ 是旋转对称的，引入新的变量 $\upsilon_i=u_i^T u_i=(\omega\sqrt{t_i})^T\omega\sqrt{t_i}=\omega^T\omega t_i$，定义 $\tilde{H}(u^Tu)=\hat{H}(u)$，则式（2－17）可以写成：

$$\tilde{H}(\upsilon_1)\tilde{H}(\upsilon_2)=\tilde{H}(\upsilon_1+\upsilon_2) \qquad (2-18)$$

上述表达式可以看做是指数函数的定义：

$$\tilde{H}(\upsilon)=\exp(\alpha\upsilon) \qquad (2-19)$$

对于$\alpha \in R$，有：

$$\hat{h}(\omega;t)=\hat{H}(\omega\sqrt{t})=\tilde{H}(\omega^T\omega t)=\mathrm{e}^{\alpha\omega^T\omega t} \tag{2-20}$$

对于符号α有$\lim_{t\to\infty}\hat{h}(\omega;t)=0$，即$\alpha$为负，不失一般性令$\alpha=-1/2$，以保护尺度参数$t$的连续性。则平滑核的傅里叶变换就是指高斯核的傅里叶变换，

$$\hat{g}(\omega;t)=\mathrm{e}^{-\omega^T\omega t/2} \tag{2-21}$$

同样的，旋转不变性也可以用可分离性来代替。设式（2-17）中的$\hat{H}$用式（2-22）表示：

$$\hat{H}(u)=\hat{H}(u^{(1)},u^{(2)}),\cdots,u^{(N)}=\prod_{i=1}^{N}\bar{H}(u^{(i)}) \tag{2-22}$$

将$\bar{H}$：$R\to R$代入到式（2-17）得到：

$$\prod_{i=1}^{N}\bar{H}(\upsilon_1^{(i)})\prod_{i=1}^{N}\bar{H}(\upsilon_2^{(i)})=\prod_{i=1}^{N}\bar{H}(\upsilon_1^{(i)}+\upsilon_2^{(i)}) \tag{2-23}$$

其中，$\upsilon_j^{(i)}=(u_j^{(i)})^2$，上述结论对于任意$\omega \in R^n$，在单个坐标的独立变化下有：

$$\bar{H}(\upsilon_1^{(i)})\bar{H}(\upsilon_2^{(i)})=\bar{H}(\upsilon_1^{(i)}+\upsilon_2^{(i)}) \tag{2-24}$$

对任意的$\upsilon_1^{(i)}$，$\upsilon_2^{(i)}\in R$，$\bar{H}$必定是一个指数函数，$\hat{h}$是高斯核的傅里叶变换。

另外，尺度空间另外一个重要性质源于高斯核的半群性质，高斯核与高斯核卷积的结果仍是一个高斯核：

$$g(\cdot;t)*g(\cdot;s)=g(\cdot;t+s) \tag{2-25}$$

在尺度空间描述中，粗尺度$L(\cdot;t_2)$处的描述可以通过细尺度$L(\cdot;t_1)$处的描述与高斯核的卷积得到：

$$L(\cdot;t_2)=g(\cdot;t_2-t_1)*L(\cdot;t_1) \tag{2-26}$$

其中，$t_2-t_1>0$。这个性质称为尺度空间描述的级联性[33]。可以理解为粗尺度是由细尺度的平滑得到，因为细尺度级到粗尺度级的变换与原始信号到非零尺度级的变换是同一类型的变换。在傅里叶域这种相关性更加明显，对任意函数h：$R^N\to R$，设其傅里叶变换为f：$R^N\to R$，则：

$$\hat{h}(\omega)=\int_{x\in R}h(x)\mathrm{e}^{-i\omega^T x}\mathrm{d}x \tag{2-27}$$

设半群性质有如下的形式：

$$\hat{g}(\omega;t)\hat{g}(\omega;s)=\hat{g}(\omega;t+s) \tag{2-28}$$

使用

$$\hat{L}(\omega;t)=\hat{g}(\omega;t)\hat{f}(\omega) \tag{2-29}$$

则级联性质可以写成：

$$\hat{L}(\omega;t_2)=\hat{g}(\omega;t_2)\hat{f}(\omega)=\hat{g}(\omega;t_2-t_1)\hat{g}(\omega;t_1)\hat{f}(\omega)=\hat{g}(\omega;t_2-t_1)\hat{L}(\omega;t_1) \tag{2-30}$$

这样高斯核具有半群性质。

由此可以得到高斯核不会增加任何卷积信号局部极值。另外由于高斯核满足半群性质，因而高斯核在给定的线性不变性、对比度不变性、欧几里得不变性、尺度不变性[34-37]的条件下是唯一的。

高斯核在使用技术上的一个非常重要的性质就是可分离性。对于 N 维高斯核 g：$R^N \to R$ 可以写成 N 个一维高斯核 g_1：$R^N \to R$ 的组合形式。设 $x=(x_1,\cdots,x_N)\in R^N$，则

$$g(x;t)=\prod_{i=1}^{N} g_1(x_i;t) \tag{2-31}$$

在高斯核显示表达式如下：

$$\frac{1}{(2\pi t)^{N/2}}\mathrm{e}^{-x^T x/2t}=\prod_{i=1}^{N}\frac{1}{(2\pi t)^{1/2}}\mathrm{e}^{-x_i^2/2t} \tag{2-32}$$

使用卷积进行平滑操作的时候，可分离性可以有效提高计算效率。

在离散的情况下执行平滑操作，离散滤波器的模板在每个方向上的长度都为 M。可分离性使得在正常情况下需要执行 M^N 次的运算减少到了 MN 次的卷积运算。

Gauss 尺度空间可以用来分析不同尺度下图像的结构，研究输入信号或图像在尺度变换下的性质也具有重要的意义。假设原始信号 f：$R^N \to R$，定义一个缩放信号 f'：$R^N \to R$ 如下：

$$f(x)=f'(sx) \tag{2-33}$$

其中，$x\in R^N$，并且引入下面新的变量，

$$\begin{aligned} x' &= sx \\ t' &= s^2 t \end{aligned} \tag{2-34}$$

其中，$s\in R_+$ 是比例因子，则 f 与 f' 的尺度空间表示 L 和 L' 定义如下：

$$L'(\cdot;t')=g(\cdot;t')*f' \tag{2-35}$$

$$L(x;t)=L'(x';t')$$

可以看出，在空域中尺度空间对信号或图像具有较好的尺度不变性。上述结论可以推广到高维，容易证明 N 维高斯核有如下的尺度性质：

$$g(\xi;t)=s^N g(s\xi;s^2 t) \tag{2-36}$$

利用不同的方法可以得到独一无二的为形成尺度空间的高斯核，在尺度空间中它没有创造新的平面曲线，没有创造新的局部极值，没有放大局部极值，并且具有尺度不变性。

在过去几十年内，出现了很多种非线性多尺度空间的表示方法。这些方法或多或少都以Gauss尺度空间[38]理论基础，保留图像边缘[39]的前提下同时又达到平滑的目的，同时模型具有较好的唯一性。这些方法越来越流行的现象表明了尺度概念越来越受到计算机视觉通信和其他相关领域的研究人员的关注。

2.2.2 非线性尺度模型

上述Gauss模型在图像处理中可以较好的应用于去噪方面，但由于这个模型是各向同性的，在去掉噪声的同时，也将图像的边缘等特征平滑了[40]，因而在大尺度下无法确定图像的边界位置。针对这种情况，Malik and Perona[41][42]提出了各向异性扩散模型：

$$I_t = \mathrm{div}(c(x,y,t)\nabla I) = c(x,y,t)\Delta I + \nabla c \cdot \nabla I \tag{2-37}$$

其中，$c(x,y,t) = g(\| \nabla I(x,y,t) \|)$，$g(\cdot)$ 是一个非负的单调减函数且 $g(0) = 1$，函数 $g(x)$ 常取 $g(x) = \mathrm{e}^{(-s/k)^2}$ 或者 $g(x) = \dfrac{1}{1+(s/k)^2}$ 的形式，$k>0$ 为参数。可以看到，若函数 $c(x,y,t)$ 取常值函数，则上述方程就转化为Gauss扩散方程。正是由于函数 $c(x,y,t)$ 的影响，在图像梯度大的地方，$c(x,y,t) \approx 1$，因而图像的边缘得以保留。

当然也应该可以看到，上述模型在处理含噪声的图像时就遇到了问题，噪声也被保留下来。Malik and Perona[41]在文中提到的解决方法是先将图像进行适度平滑，这样就又碰到了一个该文本想避免的问题：不使边缘平滑。除此之外，该问题实际上是一个病态问题[43]，即解不是唯一的，这样会导致处理结果的不稳定性。

针对上述两个问题，F. Catté etc. 以及 L. Alvarez etc[45]等人分别提出了如下非线性抛物型演化方程：

$$\partial u/\partial t - \mathrm{div}(g(| DG_\delta * u |)\nabla u) = 0 \tag{2-38}$$

$$\partial u/\partial t = g(| G * Du |) \, | Du | \, \mathrm{div}\left(\frac{Du}{| Du |}\right) = 0,\ u(0,x,y) = u_0(x,y) \tag{2-39}$$

这两个模型的典型特征就在于能够选择性平滑，即在形如边缘等梯度大的地方平滑，而像噪声，尽管梯度也大，但在模型中由于高斯核卷积的作用，噪声被平滑。这两个还有一个重要的特点就是可以从数学上严格的证明演化解的唯一性。

还有一种演化模型的研究思路是从构造能量函数出发，利用符号距离函数，结合变分法，得到演化方程。这种研究思路的典型代表为主动轮廓法及随后发展起来的水平集方法[44]。

水平集方法是Osher和Sethian[46]于1988年提出的一种追踪动态界面演化的方法。其主要思想是将低维问题转化到比其高一个维度的空间中来解决。近年来被广泛应用于图像分割[47]、图像恢复、点云重构等领域，尤其是在图像分割领域中的应用诸多。这主要是借助于水平集在处理演化问题时能够允许拓扑形状改变的优点。

假设 C 是 n 维空间中的一条闭合曲线，则可以将其视为 $n+1$ 维空间中曲面上的一条曲线。设曲面为 $\phi(x)$，则 $C:\{x \mid \phi(C(x)) = d\}$，称 C 为曲面的 d 水平集。特殊地，$d=0$ 时，C 为曲面的零水平集。有关水平集、零水平集、运动界面的相关图形化描述如图 2-3（a）、（b）所示。

图 2-3　零水平集示意图

2.3　水平集曲面的构造

通常情况下，曲线的初始水平集函数会选择其符号距离函数[48]（signed distance function），即 $\phi_0(x)=\pm d$，其中 d 为点 x 到初始曲线 C 的距离，若 x 在曲线的外部，ϕ_0 取正值，否则取负值。水平集函数[49]取符号距离函数的好处就在于此时 $|\nabla\phi_0|=1$，若在演化过程中水平集函数都保持为零水平集的符号距离函数，则一方面可以简化方程，另一方面有利于保证数值计算的稳定性。$|\nabla\phi_0|=1$ 方程的数值解可由快速行进算法和快速扫描算法[50]得到，这两种快速算法是求 Eikonal 方程数值解的两种方法。Eikonal 方程的一般形式为 $|\nabla\phi|=f$，当 $f=1$ 时为符号距离函数。

快速行进法是一种计算非线性 Eikon 方程和相关 Hamilton-Jacobi 方程的数值算法，主要目标是计算这类偏微分方程的非光滑解。快速行进法的具体思想是将演化平面用初值偏微分方程来描述，演化平面的位置即为偏微分方程的解。对于偏微分方程中的梯度算子采用逆行差分法离散化。由于逆行差分法具有方向性，因而可以采用窄带技术加速算法。

假设曲线方程 $C(p,t)=[x(p,t),y(p,t)]$，演化方程为 $\dfrac{\partial C}{\partial t}=FN$，其中，$F$ 表示速度函数。当 F 符号不变，以 $T(x)$ 表示曲线经过点 x 的时间，则 $|\nabla T|F=1$

即 $|\nabla T| = 1/F$，利用逆向差分法，方程可以离散化为：

$$[\max(D_{i,j}^{-x}T,0)^2 + \min(D_{i,j}^{+x}T,0)^2 + \max(D_{i,j}^{-y}T,0)^2 + \min(D_{i,j}^{+y}T,0)^2]^{\frac{1}{2}} = \frac{1}{F_{i,j}} \tag{2-40}$$

均匀网格下，得到 $[\max(T_{ij} - T_1,0)^2 + \max(T_{ij} - T_2,0)^2] = \frac{1}{F_{ij}^2}$，其中，$T_1 = \min(T_{i-1,j}, T_{i+1,j})$，$T_2 = \min(T_{i,j-1}, T_{i,j+1})$。

快速行进法的算法具体步骤描述如下：

(1) 假设已经知道当前曲线上点的初始值，记为 $u_{0,0}$。然后利用偏微分方程计算该点附近四邻域点的值 $u_{-1,0}$，$u_{0,-1}$，$u_{1,0}$，$u_{0,1}$。

(2) 从中取对应值最小的点，标记为"接受点"。

(3) 再以该点为基础，计算四邻域点的值，找出最小值的点。

(4) 如此循环，直到无法再找到新的"接受点"。

快速扫描法[50]主要利用了方程离散化的迎风方法以及从不同的方向进行扫描，利用高斯—赛德尔迭代法求解非线性方程组的理论，其主要思想是将特征线按其走向分成几组，不同的扫描方向将决定一组特征线决定的方程解。假设对应的Eikonal方程为 $|\nabla\phi| = f$，网格的宽度为 h，则快速扫描算法的步骤为：

(1) 方程离散化。这里主要采用Godunov's方法进行离散，离散后的方程为：

$$[(\phi_{i,j} - a)^+]^2 + [(\phi_{i,j} - b)^+]^2 = h^2 f_{i,j} \tag{2-41}$$

其中，　$a = \min(\phi_{i-1,j}, \phi_{i+1,j})$，$b = \min(\phi_{i,j-1}, \phi_{i,j+1})$，$(x)^+ = \begin{cases} x, & x \geqslant 0 \\ 0, & x < 0 \end{cases}$

(2) 初始化方程。按照方程的边界条件，在边界上 $\phi_{i,j} = 0$，其他点处，$\phi_{i,j}$ 赋予比较大的正值。

(3) 利用高斯-赛德尔迭代从不同的扫描方向求解（2-41）中的非线性方程。二维中，扫描方向有4个：

①$i=1$：I，　$j=1$：J；

②$i=I$：1，　$j=1$：J；

③$i=I$：1，　$j=J$：1；

④$i=1$：I，　$j=J$：1。

求解后新的解为：$\phi_{i,j}^{new} = \min(\bar{\phi} - \phi_{i,j}^{old})$，其中，$\bar{\phi}$ 为高斯—塞德尔迭代求得的解。

快速行进算法和快速扫描算法都是将方程转化为非线性方程组进行求解，但两者思想不同。相比而言，快速扫描算法的速度要比快速行进算法快，快速行进算法的时间复杂为 $O(N\log N)$，而快速扫描算法为 $O(N)$，其中，N 为网格点个数。

在实际问题中，根据需要，水平集函数不仅仅局限于符号距离函数，一些文献中也有使用分段常数函数作为水平集函数。有了水平集函数，即曲线的隐式表达，则由曲线分割出的平面区域就可以利用其表示出来。定义 Heaviside 函数 $H(\phi)=\begin{cases}1 & \phi\geqslant 0\\ 0 & \phi<0\end{cases}$，设 Ω^+，Ω^- 分别为曲线的内部和外部，$\phi(x)$ 为曲线对应的水平集函数，则：$\Omega^+:\{x\mid 1-H(\phi(x))=1\}$，$\Omega^-\cup C:\{x\mid H(\phi(x))=1\}$，这是应用中将问题转化为高维的关键一步。

水平集方法[51]是一种有效地解决变形问题，尤其是曲线演化问题的隐式方法。设 $C(t)=\{(x,y)\mid\phi(x,y,t)=0\}$ 为演化曲线，其演化速度为$\vec{V}$，则其显示演化方程为$\dfrac{\partial C}{\partial t}=\vec{V}$，可以用质点跟踪法求演化曲线的位置。质点追踪法就是标定曲线上的一些点，根据方程追踪这些点的位置变化，然后通过将这些点连成线来确定曲线演化后的位置。这种方法比较简单，但是无法处理演化中拓扑形状改变的问题，而水平集方法则能很好地解决这个问题。本书对 $\phi(x,y,t)=0$ 关于 t 求导可得曲线演化对应的水平集方程为：$\phi_t+\nabla\phi\vec{V}=0$ 或 $\phi_t+F\mid\nabla\phi\mid=0$，其中，$\vec{V}$为扩展到区域上的速度，$F$ 为法向方向的速度大小。通常，有两种方式可以将原来的曲线演化速度延拓到曲面上。一种为自然延拓，例如，若 F 的大小为曲线的曲率，则曲面上每一点处都采用水平集曲线的曲率；另外一种为采用距离曲面上点最近的初始曲线上的点的速度作为曲面上点的演化速度。

如图 2-4（a）所示为初始曲线，为两条闭合曲线，使其相向运动。如图 2-4（a）、(c）所示为质点标记下的法得到的某一时刻的演化结果。如图 2-4（d）所示为利用水平集演化的结果，如图 2-4（e）、(f）为初始曲线对应的水平集曲面在演化下的变化。由图 2-24 可以看出，质点标注法无法确定图形形状的拓扑改变，而通过水平集曲面的演变，则很容易看出零水平集的位置形状变化。

观察水平集函数 $\phi_t+\nabla\phi\vec{V}=0$ 的速度项，可以看出，$\nabla\phi\vec{V}$ 为拓展速度在水平集曲面法向上的分速度大小，所以在曲线演化过程中，真正起作用的为法向速度。假设曲线 C 沿其法向以速度 F 向外，t 时刻演化后曲线的位置等价于求解偏微分方程：

$$\begin{cases}\dfrac{\partial\phi}{\partial t}=\mid\nabla\phi\mid F\\ \phi(x,y,0)=\phi_0(x,y)\end{cases}\tag{2-42}$$

其中，$\{(x,y)\mid\phi_0(x,y)=0\}$ 为初始轮廓 C。在曲线沿法向的演化中，一种比较典型的演化为平均曲率运动[52]，此时，$F=\nabla\left(\dfrac{\nabla\phi}{\mid\nabla\phi\mid}\right)$ 方程变为：

$$\begin{cases}\dfrac{\partial\phi}{\partial t}=|\nabla\phi|\nabla\left(\dfrac{\nabla\phi}{|\nabla\phi|}\right), & t\in(0,+\infty)\\ \phi(x,y,0)=\phi_0(x,y)\end{cases}\tag{2-43}$$

在平均曲率运动作用下，曲线会变得越来越光滑。如图 2-5 所示，为初始曲线在平均曲率运动下的演化结果。

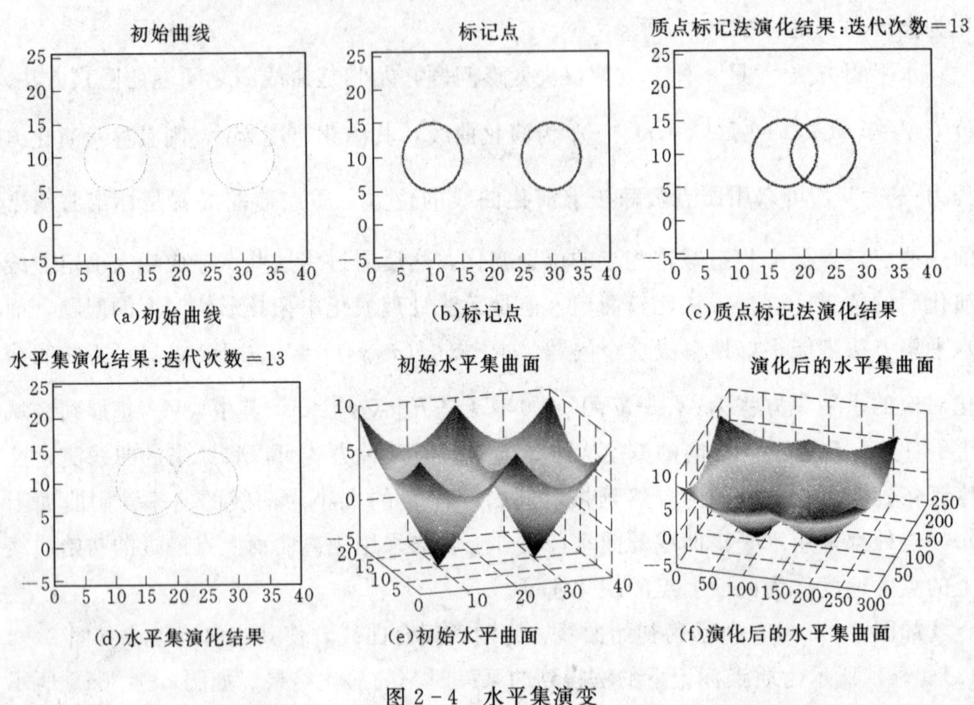

(a)初始曲线　(b)标记点　(c)质点标记法演化结果

(d)水平集演化结果　(e)初始水平曲面　(f)演化后的水平集曲面

图 2-4　水平集演变

在利用水平集进行曲线演化的过程中，由于方程的解本身不是符号距离函数，那么在求方程离散解的迭代过程中，水平集曲面就可能不再保持符号距离函数。这时候可以采用重新初始化的方法，利用行进或快速扫描算法求出零水平集的符号距离函数，也可以用方程：

$$\begin{cases}\phi_t=\text{sign}(\phi(\bar{x},t_{n+1}))(1-|\nabla\phi|)\\ \phi(x,0)=\phi_0\end{cases}\tag{2-44}$$

迭代求得稳定解即为符号距离函数，另外，也可以对水平集函数进行改造，变为：

$$\begin{cases}\phi_t=\beta(x-\phi\nabla\phi)\\ \phi(x,y,0)=\phi_0(x,y)\end{cases}\tag{2-45}$$

式中：β为法向演化速度。

基于水平集的图像分割模型的主要思想为通过最小化能量函数得到对应的偏微分方程，模型的建立过程为：构造能量函数，用水平集函数改造能量函数，通过变

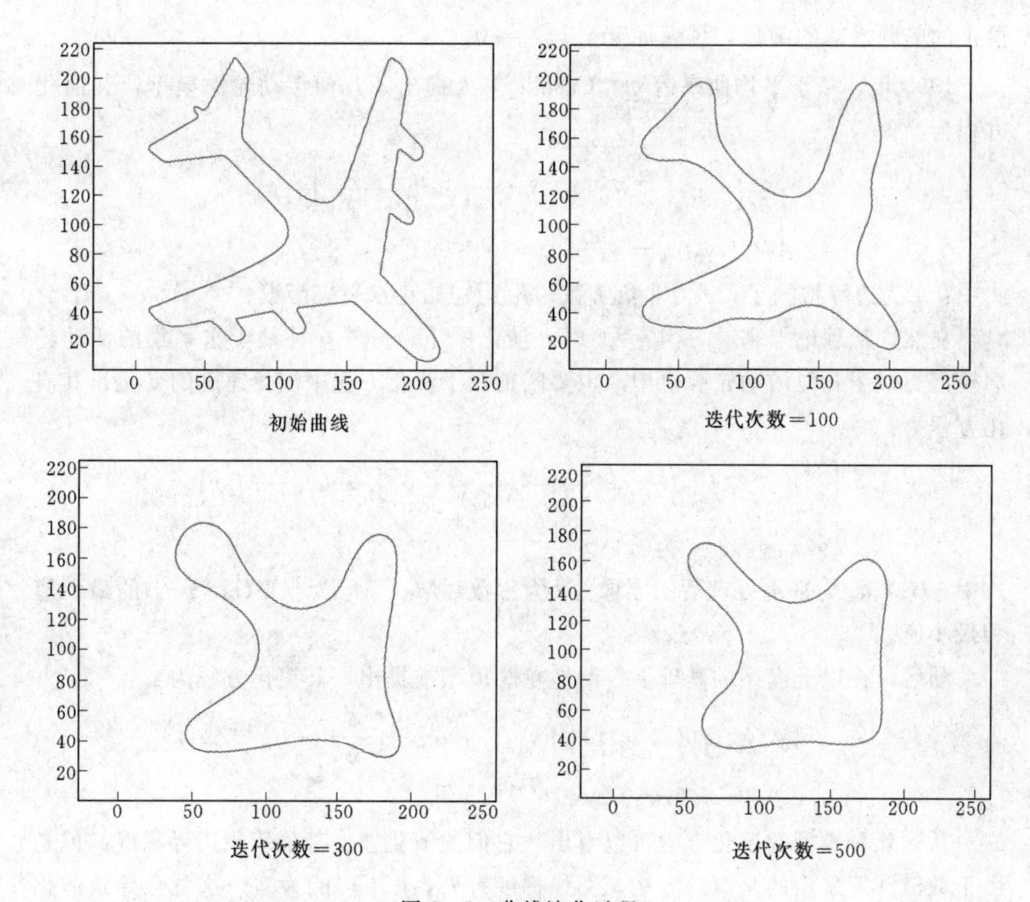

图 2-5 曲线演化过程

分方法将问题转化为偏微分方程，通过有限差分结合离散网格求解方程数值的解。这种模型总体上分为两种，一种为基于边界梯度信息的活动轮廓模型，比如传统的 Snakes 模型和活动轮廓模型，另一种为不依赖于梯度信息的 C-V 模型。

活动轮廓模型（Snake 模型）[53] 的基本思想为在给定的图像中，演化闭合曲线，使其向图像中物体边缘靠近，直到其停在边缘位置。Snake 模型中能量函数为：

$$J_1(C)=\alpha\int_0^1 |C'(s)|^2\mathrm{d}s+\beta\int_0^1 |C''(s)|^2\mathrm{d}s-\lambda\int_0^1 |\nabla u_0(C(s))|^2\mathrm{d}s \tag{2-46}$$

其中，α，β，$\lambda\geqslant 0$，能量函数中的前两项控制着曲线的光滑性，为内部能量，第三项则引导曲线向梯度变化大的方向演化，是外部能量。当能量函数最小时，演化曲线将停在物体的边缘位置，$|\nabla u_0(C(s))|$ 极大的那些点处，因此 $|\nabla u_0|$ 可作为边界检测子。一般地，函数 g 为边界检测子，如果 g 为依赖于图像中点的梯度，

恒正的单调递减的函数，且满足 $\lim\limits_{z \to \infty} g(z) = 0$。

1993 年，基于平均曲率运动，Casells 等人提出了几何活动轮廓模型，其演化方程为：

$$\begin{cases} \dfrac{\partial \phi}{\partial t} = g(|\nabla u_0|)\,|\nabla \phi|\left(\mathrm{div}\left(\dfrac{\nabla \phi}{|\nabla \phi|}\right) + \gamma\right) \\ \phi(x,y,0) = \phi_0(x,y) \end{cases} \tag{2-47}$$

式中：g 为边界检测子；γ 为非负常数；ϕ_0 为初始化水平集函数。

显然，从理论上来看，当 $g=0$ 时，演化停止。另外一种基于水平集的活动轮廓模型类似于几何活动轮廓模型，主要区别在于演化方程中演化速度的变化，其演化方程为：

$$\begin{cases} \dfrac{\partial \phi}{\partial t} = |\nabla \phi|\left(-\gamma + \dfrac{\gamma}{(M_1 - M_2)}(|\nabla G_\sigma \times u_0| - M_2)\right) \\ \phi(x,y,0) = \phi_0(x,y) \end{cases}$$

式中：$G_\sigma \times u_0$ 为平滑处理后的图像；γ 为常数；M_1，M_2 为 $|\nabla G_\sigma \times u_0|$ 的最大值和最小值。

随后，在以上模型的基础上，测地轮廓模型被提出，其演化方程为：

$$\begin{cases} \dfrac{\partial \phi}{\partial t} = |\nabla \phi|\, g(|\nabla u_0|)\left(\mathrm{div}\left(g(\nabla u_0)\dfrac{\nabla \phi}{|\nabla \phi|}\right) + \gamma g(\nabla u_0)\right) \\ \phi(x,y,0) = \phi_0(x,y) \end{cases} \tag{2-48}$$

从这几种模型的演化方程可以看出，它们的演化速度都依赖于边界梯度。但是由于数值计算采用的是离散方法，图像梯度有界，g 不可能为零，这就会导致演化曲线不能停止在正确的边缘位置。另一方面，对于噪声图像，也可能不能达到理想的效果。

2001 年，Chan 和 Vese[54] 提出了不依赖于图像梯度信息的分段常数 C－V 分割模型，在图像只有两相的情况下，其能量函数为：

$$\begin{aligned} F(c_1,c_2,C) = {} & \mu \mathrm{length}(C) + \gamma \cdot \mathrm{Area}(\mathrm{inside}(C)) + \lambda_1 \int_{\mathrm{inside}(C)} |u_0(x,y) \\ & - c_1|\,\mathrm{d}x\mathrm{d}y + \lambda_2 \int_{\mathrm{outside}(C)} |u_0(x,y) - c_2|\,\mathrm{d}x\mathrm{d}y \end{aligned} \tag{2-49}$$

式中：$\mu \geqslant 0$，$\gamma \geqslant 0$，λ_1，$\lambda_2 > 0$ 为固定参数。

通过能量最小化得到的演化方程为：

$$\frac{\partial \phi}{\partial t} = \delta_\varepsilon(\phi)\left[\mu \cdot \mathrm{div}\left(\frac{\nabla \phi}{|\nabla \phi|}\right) - \gamma - \lambda_1(u_0 - c_1)^2 + \lambda_2(u_0 - c_2)^2\right] \tag{2-50}$$

式中：c_1，c_2 为演化曲线内部和外部的图像灰度平均值。

$$H_\varepsilon(\phi) = \frac{1}{2}\left(1 + \frac{2}{\pi}\arctan\left(\frac{\phi}{\varepsilon}\right)\right),\quad \delta_\varepsilon = H'(\phi) \tag{2-51}$$

这种分割模型的分割结果如图 2-6 所示。

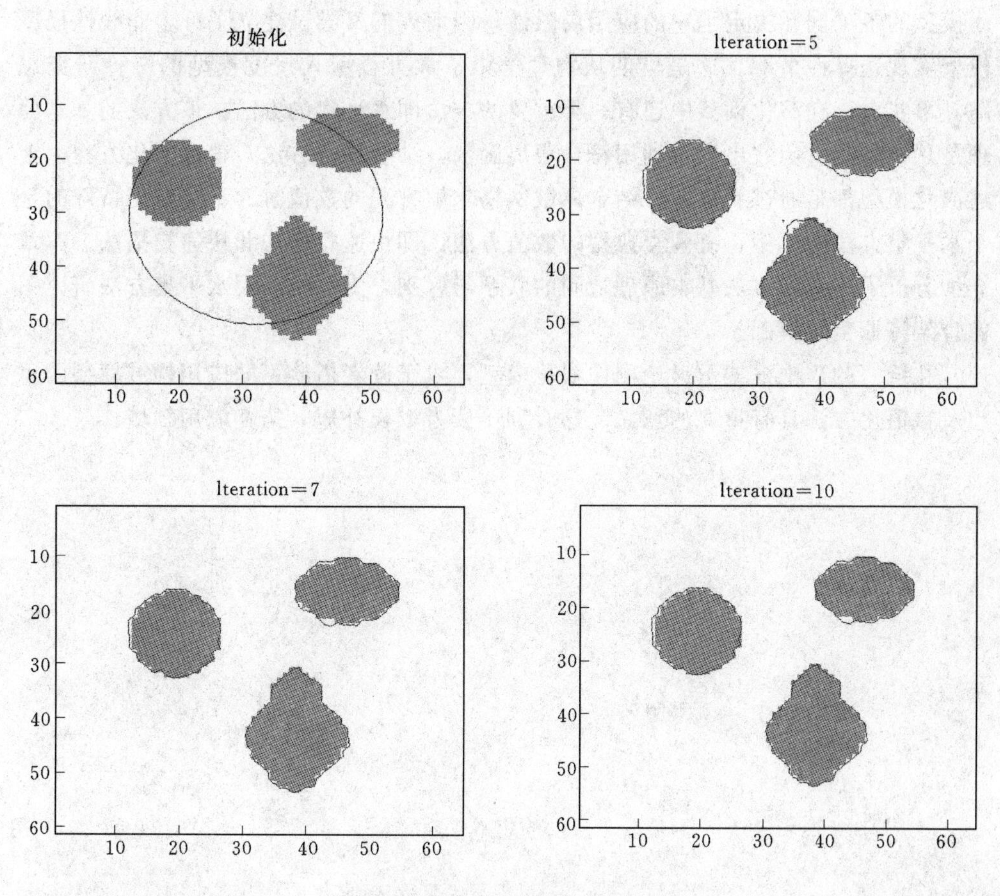

图 2-6 C-V 模型分割过程

之后，Chan-Vese[56] 将这种模型扩展到了分段光滑图像和向量值图像中。由于这种模型不依赖于图像梯度，因此在含噪声图像中，能得到较好的分割结果。

2.4 本章小结

本章以图像处理中的偏微分模型为核心内容，通过引入尺度参数的方法，将这些形式上各异的模型统一纳入图像处理演化模型的基本框架内进行研究。之所以能够这样处理的基本原因在于，这些模型都以初始图像或曲线为初值，模型随着时间演化的解即为不同时刻的演化图像。通过选择合适的尺度可以实现不同的处理要求。

本章先从最简单的线性 Gauss 尺度模型入手，详细论述了 Gauss 尺度模型以及其相关性质，并且证明了在一些公理化准则下选择 Gauss 核具有唯一性，同时

Gauss 尺度空间具有尺度不变、线性不变、对比度不变等性质。但是 Gauss 尺度空间模型的各项同性决定了它的应用局限性，因而人们又尝试建立了许多非线性尺度模型实现选择性平滑。这是早期从物理学中扩散方程引入尺度模型的一种研究思路。事实上，在演化模型中还有一类重要的方法即水平集的方法。该方法的基本原理是从构造能量函数出发，利用符号距离函数，结合变分方法，得到演化方程。上述演化模型都是通过有限差分结合离散网格求解方程的数值解。不过对于特殊的基于水平集方法的模型，有两类典型的数值方法：即快速行进法和快速扫描法。本章详细分析了这两种方法基本原理之间的联系与区别，为后续利用水平集方法研究图像骨架特征奠定基础。

在统一的理论框架下讨论图像演化模型，对于读者借鉴不同应用领域模型的思想及数值化方法具有重要的意义。这有利于读者取长补短，拓宽应用领域。

第3章　基于多尺度理论的图像去噪自适应算法研究

3.1　引言

近年来利用偏微分方程研究图像处理领域的相关问题受到越来越多的关注，各向异性扩散方程在图像去噪、分割、图像匹配等方面有着广泛的应用[7]。1990年，Perona和Malik通过详细的实验与证明，得到了用于保持图像边缘特征的各向异性扩散方法[41]，表明偏微分方程在图像滤波领域中的应用由各向同性延伸到各向异性。他们提出用具有方向性（各向异性）的扩散方程来代替高斯平滑滤波器。偏微分方程是从运动的观点来处理图像的，对于各向同性偏微分方程，其解可以表示为高斯函数与图像的卷积，对于各向异性方程，在离散化情形下，可以转化为线性迭代方程。因此，从数学上来讲，对图像的偏微分方程处理方法实际上为一种迭代过程，迭代的收敛性和唯一性极大地影响图像处理效果，特别是迭代的次数影响图像的去噪质量。

目前，人们通常通过人眼观察，主观地判断图像的去噪效果，以此来控制迭代的次数。在实际应用中，这种判断往往费时且精度不高。针对这一问题，本书提出一种改进的图像质量评价方法，在借鉴各向异性偏微分方程去噪的基础上[65]，通过比较和评价相邻处理图像的质量控制离散方程的迭代次数，给出了一种自适应的去噪方法。

3.2　偏微分方程去噪方法研究现状

偏微分方程（PDE）理论是一种新的图像处理方法。它的发展过程经历了线性到非线性、各向同性扩延伸到各向异性[55]。利用偏微分方程去噪是在高斯滤波的基础上发展而来的，该方法在去噪的同时能够更好地保护图像的细节特征信息，在图像分割、图像恢复中都取得了较好的效果，受到了越来越多的关注。

Nagao[57]、Rudin[58]在图像光滑和增强的研究以及Koenderink[23]对图像结构的研究中最早做了这方面的理论工作。数学形态学、图形学、水平集理论以及图像信息处理也为这一领域的构建提供了新的思路与方法。其中，图像信息处理中的图像分割与图像滤波两个方向对该领域的形成起到了至关重要的作用。

（1）图像分割（Image Segmentation）。图像反映了真实世界以及存在于其中的一切物体。分割就是通过获取物体的边缘把这些物体从图像中提取出来。目前，Mumford－Shah模型是图像处理中较为常见的分割[59]方法。Mumford－Sha的思想是：对一幅图像 $g(x)$ 分割的目标就是找到一个平滑的图像 $u(x)$ 以及边缘不平滑的集合 K，使下面的泛函：

$$E(u,K)=\int_{\Omega/K}(\alpha\mid\nabla u(x)\mid^2+\beta(u-g)^2)\mathrm{d}x+\mathrm{length}(K) \tag{3-1}$$

取得最小（α，β 为参数）。式（3－1）物理意义如下：$(u-g)^2$ 确保了 $u(x)$ 和 $g(x)$ 保持内容一致，$\mid\nabla u(x)\mid^2$ 可以保证相当部分的图像是平滑的，$\mathrm{length}(K)$ 的作用是简化边界，以上3项折中起来的话能够保证图像分割的效果。

如果采用变分法，式（3－1）中泛函极值问题就可以变成求解偏微分方程的问题。在求解当中，针对不同的应用背景，可以对式（3－1）进行简化或者对式（3－1）进行变形，那么将出现一些不同的偏微分方程。像Osher与Rudin[60]所使用的式（3－2）：

$$\begin{cases}\dfrac{\partial u}{\partial t}=-\mid Du\mid F(\Delta u)\\ u(0,x)=g(x)\end{cases} \tag{3-2}$$

通过对式（3－2）在某时刻 t 进行偏微分方程求解，从而把得到的解 $u(t,x)$ 当成图像分割的效果。然而，Perona与Malik[42]采用了另外一种模型是：

$$\begin{cases}\dfrac{\partial u}{\partial t}=-\mathrm{div}(f(\mid Du\mid)Du)\\ u(0,x)=g(x)\end{cases} \tag{3-3}$$

除此之外，在上述研究基础之上又衍生出中值曲率运动[61]等方法。因此，G. Koepfler，C. Lopez，J. M. Morel[62]在理论上对这一类方法做了分析、总结以及提升。

（2）图像滤波（Image Filtering）。在图像处理当中，图像滤波也是较早采用偏微分方程的一项技术。几乎所有的图像处理应用中都会使用一种预处理手段，也就是图像滤波。Koenderink[23]早在1984年就发现了图像的Gaussian滤波与数学中的热传导方程有着某种相似的关系。在实际应用中，图像滤波需满足两个条件，即对比度不变以及仿射不变。仿射不变性可以由旋转不变、平移不变、伸缩不变和欧氏不变等组成，满足这些条件的滤波器分别有一族偏微分方程与之对应，对应的偏微分方程范围随着不变性限制条件的增强而缩小。AMSS（Affine Morphological Scale Space）方程是唯一一个能够符合对比度不变以及仿射不变的偏微分方程：

$$\begin{cases} \dfrac{\partial u}{\partial t} = | Du | curv(u)^{1/3} \\ u(0,x) = g(x) \end{cases} \tag{3-4}$$

L. Alvarez，F. Guichard，P. L. Lions 以及 J. M. Morel[63] 等对上述理论和数学方法进行了总结，从而产生了一个公理体系。文献［63］的发表，也正式标志数字图像处理领域里有了利用偏微分方程解决常见图像问题的这一新的方法和手段。而且，形态学的一些算法也融合到整个偏微分图像处理理论框架当中，所以此类经典的滤波器增加了新的含义。

利用偏微分方程可以解决图像处理中的诸如图像去噪等基本问题，其结果经常被作为图像处理中的中间结果进行进一步使用。因此，基于偏微分方程的图像处理方法应用特别广泛，图像处理的许多领域都用到了这种方法，例如彩色图像处理、动态图像分析、图像检索、医学图像处理等。

近年来，基于偏微分方程的图像处理方法不断发展，又涌现出了许多新的研究方向，例如动态边界[64]、图像变形、图像模型、水平集图像处理研究等等。其中，一些研究所使用的数学理论已不完全局限于偏微分方程，甚至引进了视觉哲学的研究方法。一方面，这些方法的应用不断地延伸到更多的图像处理领域，例如 AMSS 算子被法国宇航局作为对航拍图像增强的标准方法；另一方面，随着图像处理学科的发展，人们越来越关注对图像和图像处理的本质的挖掘，希望用逻辑严密的数学理论对现有的算法进行改进，这对于一贯关注于实用效果的图像处理是一种挑战。而偏微分方程理论也随着其在图像处理中的应用不断地发展。

3.2.1 Perona - Malik 方程

1990 年，Perona 和 Malik[61] 提出了各向异性扩散方程（anisotropic diffusion equation）

$$\begin{cases} \dfrac{\partial u}{\partial t} = \mathrm{div}(c(| \nabla u |) \nabla u), (0,T) \times \Omega \\ u_0(x,y) = u(x,y;0) \\ \dfrac{\partial u}{\partial N} = 0, (0,T) \times \partial\Omega \end{cases} \tag{3-5}$$

其中，N 是图像边界 $\partial\Omega$ 的法向，扩散系数 $c(s)$ 是［0，$+\infty$）上的一个单调非增函数，且 $c(s) \neq 0$。$c(s)$ 一般取以下两类形式：

$$c(s) = \mathrm{e}^{-\left(\frac{s}{k}\right)^2}, \quad s \geqslant 0 \tag{3-6}$$

或者

$$c(s) = \left(1 + \left(\frac{s}{k}\right)^2\right)^{-1}, \quad s \geqslant 0 \tag{3-7}$$

参数 k 的选取在不同的应用中可适当的调整。当 $k=0.2$ 时，函数的变化曲线如图 3-1 所示。该方程中有两个待定参数：k 和扩散时间 T。其中 k 的选取关系着去噪程度和边缘保护的平衡，而图像最终的平滑结果由扩散时间 T 决定。在一次处理中，k 可以取固定值，也可以随着迭代的进行根据图像去噪的程度不停地变化。当梯度值小于 k 时，对图像进行平滑滤波，随着梯度值越来越接近于 k，扩散停止。如果梯度值大于 k，那么图像的轮廓能在扩散的过程中得到加强。

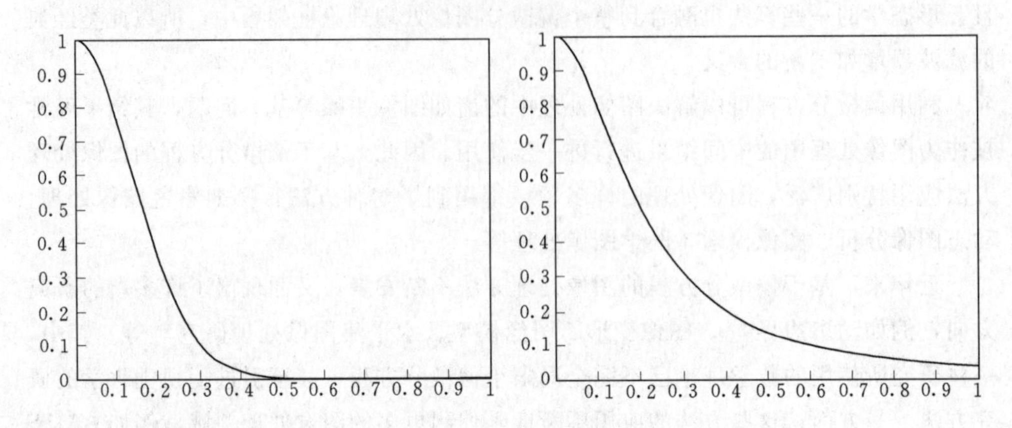

图 3-1　P-M 方程扩散系数曲线

式（3-1）对应的能量泛函为：

$$E(u)=\frac{1}{2}\int f(|\nabla u|)\mathrm{d}\Omega$$

这里 $f(\cdot)$ 是非负非减函数。由 Euler 公式，它的极值条件为：

$$\nabla(c(|\nabla u|)\nabla u)=0$$

由 $c(s)$ 的性质可得在图像梯度较大区域，扩散较小，能在一定程度上保护图像边界；在图像梯度较小区域，扩散较大。如此一来，既可以去噪，又可以较好地保护图像边缘。

P-M 模型的缺点在于扩散在梯度的方向与垂直方向同时进行，并且与梯度赋值有关；同时式（3-5）是不适定的。“适定”（well-posedness）和“不适定”（ill-posedness）的概念是 Hadamard 在 20 世纪初引进的，主要用来描述数学物理问题与定解条件的合理搭配，以及解的存在性、唯一性和稳定性。在各向异性扩散去噪中参数的选取是一个很关键的问题，包括扩散系数的选取和最优停止时间的选取[58]。理论分析结果可知：当迭代次数无限的执行下去，将得到一个极度平滑的图像，在视觉上的效果就是图像全部模糊掉，图像中所有细节融合到一起。因此在适当的时刻停止迭代非常重要[23]。扩散系数也会影响到图像去噪的质量，太大的扩散系数会导致图像的过度平滑，如果选取较小的扩散系数，又无法保证去噪的效果[45]，并且扩散程度比较慢，需要多次迭代才能得到满意的结果，这无疑会大大提高算法的计算量。

3.2.2 Alvarez，Lions 和 Morel 模型

考虑到 P－M 方程的非适定性，Alvarez，Lions 和 More[45] 在 P－M 模型基础上做了一些改进，提出了非线性模型，该模型具有自适应的平滑能力。他们在图像灰度等值线曲率的基础上建立了一个“完全”的各向异性扩散模型，如式（3－8）所示：

$$\begin{cases}\dfrac{\partial u}{\partial t}=c(\mid G_\sigma * \nabla u\mid)\mid\nabla u\mid \operatorname{div}\left(\dfrac{\nabla u}{\mid\nabla u\mid}\right)\\ u_0(x,y)=u(x,y,0)\end{cases} \tag{3-8}$$

$G_\sigma * \nabla u$ 表示对梯度图像进行高斯平滑。位于图像灰度变化不明显的区域的点（x，y），$G_\sigma * \nabla u$ 的值相对较小，而 $c(s)$ 为单调非增函数，所以 $c(\mid G_\sigma * \nabla u\mid)$ 相对较强。相对而言，图像边缘上点的 $G_\sigma * \nabla u$ 的值相对较大，所以扩散速度较小。设 η 是梯度方向的单位向量，ξ 是正交于 η 方向的单位向量，则在 η—ξ 坐标下：

$$\mid\nabla u\mid \operatorname{div}\left(\frac{\nabla u}{\mid\nabla u\mid}\right)=u_{\xi\xi} \tag{3-9}$$

$\mid\nabla u\mid \operatorname{div}\left(\dfrac{\nabla u}{\mid\nabla u\mid}\right)$ 使扩散仅在和梯度正交的方向 ξ 上发生，能够较好的保持图像边缘。该模型使函数 u 的水平曲线以 $c(\mid G_\sigma * \nabla u\mid)$ 速度沿着 ∇u 方向扩散。

Alvarez，Lions 和 Morel 模型的缺点是扩散同时也在梯度较小的点进行，增加了算法中不必要的开支，减慢了图像去噪的速度。同样的问题还存在于基于几何曲率流驱动实现图像去噪的其他方法，如曲线演化方法，极大极小曲率流方法以及均值曲率流方法，可用模型描述为：

$$\begin{cases}\dfrac{\partial u}{\partial t}=c(\mid G_\sigma * \nabla u\mid)\mid\nabla u\mid \operatorname{div}\left(\dfrac{\nabla u}{\mid\nabla u\mid}+\upsilon\right)\\ u_0(x,y)=u(x,y,0)\end{cases} \tag{3-10}$$

其中，υ 是常数，使用 Oshcr 和 Scthian 的水平集方法可以得到该模型的数值解。C. Andrew 等人在 1997 年提出的非线性形态学算子在兼顾图像去噪与边缘保护上取得较好的效果，这种方法的思想是在对图像进行平滑前先用形态学算子对图像的扩散系数进行滤波。

3.2.3 F. Catte 模型

1992 年，F. Catte 等人[67] 在原有的各项异性扩散模型的基础上对 P－M 模型进行了改进，提出了选择性图像平滑模型。如式（3－11）所示：

$$\begin{cases}\dfrac{\partial u}{\partial t}=\nabla(c(|\nabla u_{\sigma}|)\nabla u)\\u_0(x,y)=u(x,y,0)\end{cases}\tag{3-11}$$

其中，$u_{\sigma}=G_{\sigma}*u$，$c(\cdot)$ 与 P－M 模型中扩散系数在形式上一致，仍满足各向异性扩散的性质。

F. Catte 模型也有自身的缺点，比如高斯核 σ 的选取问题。如果 σ 的选取太大，会出现过平滑的现象；太小的 σ 的扩散过程是病态的。另外 F. Catte 模型对于边缘处的噪声的去除效果和 P－M 模型一样不太理想。Chen 等人在已有模型的基础上引入了黎曼度量，使得非线性扩散方程在图像处理领域中取得了新的进展。针对 P－M模型与 F. Catte 模型在去噪过程中不能有效保护边缘的缺点，林宙辰与石青云于 1999 年提出了对 F. Catte 模型的一种改进形式—林石算子。林石算子对扩散项引入了二阶导数项，以保持图像中较强的窄边带以及较强的边锋。

3.2.4　林石算子

林宙辰与石青云于 1999 年提出了对 F. Catte 模型的一种改进形式——林石算子[68,69]。

$$\begin{cases}\dfrac{\partial u}{\partial t}=\nabla(\tilde{g}(\|\nabla G_{\sigma}\times u\|^2+(G_{\sigma}\times u_{xx})^2+(G_{\sigma}\times u_{yy})^2)\nabla u)\\u(x,0)=u_0\end{cases}\tag{3-12}$$

其中，$\tilde{g}=g(\sqrt{x})$。F. Catte 模型中尖峰被削平的情况在林石算子中得到了很好的解决。首先，P－M 算子和 F. Catte 算子不能较好地保持图像边缘的原因是由于它们不能保持尖峰状边缘和窄边缘。为方便起见，我们使用以一维信号进行分析。如图 3－2 所示：尖峰被削平、宽度增大。宽度的增大会导致边缘的锐度增大，但同时对比度却下降了。这样处理的结果是：图像细小或细长的区域内部灰度一致，如果与外部大区域的灰度相同，则这些区域就会消失。林石算子在保留 P－M 算子和 F. Catte 算子的点基础上，主要的特点就是保持窄边缘和尖峰状边缘。

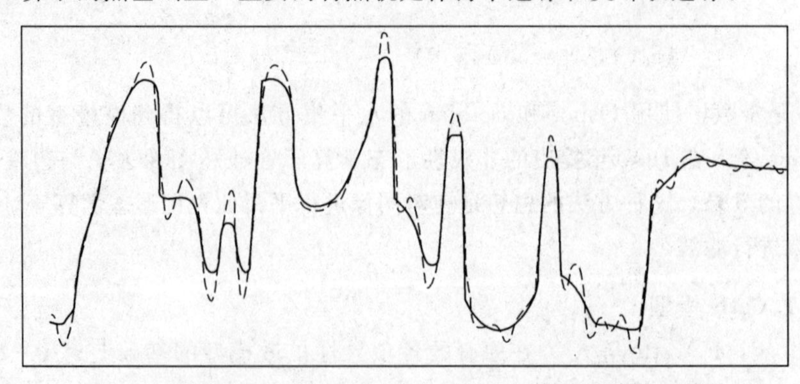

图 3－2　某信号（虚线）与用 P－M 算子处理后的片段（实线）

在尖峰处 $\| \nabla u \| = 0$，扩散系数最大，故尖峰很容易被削平。解决这一问题的方法就是尽量使得尖峰处的扩散系数变小。一般情况下，尖峰处的二阶导数往往是局部极值，而二阶导数在零交叉点处能取得最小值，零交叉点就是 $\Delta u = 0$，一阶导数取极值，即边界。因此在 $g(x)$ 中把对 x 的贡献就改成了 $\| \nabla u \|^2 + u_{xx}^2 + u_{yy}^2$。由于 $\tilde{g}(x) > 0$，故式（3-8）生成的尺度空间不会有新的极值点出现[67]。按照文献[70] 的分析，由式（3-8）生成的尺度空间在梯度较大的区域都有可能出现虚假边缘。但是在离散的情况下，这些可能出现的虚假边缘的地方是不容易被观察到的。

3.3 自适应去噪算法分析

3.3.1 各向异性扩散模型及其去噪原理

用 u_0：$R^2 \to R$ 表示一幅灰度图像，灰度值为 $u_0(x, y)$，R^2 表示平面图像空间。引入时间因子 t，Perona 和 Malik 提出的各向异性扩散方程模型表达了各向异性扩散方程的图像处理过程，如下所示：

$$\begin{cases} \dfrac{\partial u}{\partial t} = \operatorname{div}(c(|\nabla u|^2) \nabla u) \\ u_0(x, y) = u(x, y; 0) \\ \dfrac{\partial u}{\partial n} = 0 \end{cases} \tag{3-13}$$

式（3-13）为一个发展方程，u_0 是初始条件。其中，$u(x, y; t)$：$R^2 \times [0, \tau] \to R$ 为变化过程中的图像，并进行 t 次迭代，直到得到满意图像为止；$\dfrac{\partial u}{\partial n} = 0$ 为绝热条件，保证扩散仅在图像边界内进行，$c(\cdot) > 0$ 是非增函数，与图像梯度成反比。Perona 和 Malik 在其模型中给出了 $c(\cdot)$ 的两种形式：$c(s) = \mathrm{e}^{-(s/k)^2}$ 和 $c(s) = \dfrac{1}{1 + (s/k)^2}$。由 $c(\cdot)$ 的性质可以看到，式（3-13）中图像梯度较小的地方扩散较大，而在梯度较大的地方扩散程度较小，如此一来就可以在除噪的同时也能较好地保护图像边界。

3.3.2 图像质量评价方法

通常用均方误差（*MSE*）和峰值信噪比（*PSNR*）等评价图像质量。*MSE* 和 *PSNR* 都是一种统计误差，从整体上反映原始图像与失真图像的差别，其评价结果往往和人的主观感受不一致[71]。另外，图像整体亮度的微弱变化在视觉上并不明显，而且对图像质量评价的影响也不大。因为在图像质量的评价中，人们关注更多的是图像的细节结构信息。本书选用更能反映图像结构信息的结构相似度作为图像的质量评价标准[71]。

结构相似度（$SSIM$）是由 Zhou Wang[72,73] 等人提出的一种自上而下的客观评价方法。$SSIM$ 与传统的评价方法相比，具有很好的性能并且与人眼视觉特性比较吻合。$SSIM$ 模拟人类视觉系统的功能，用于计算两幅图像的相似程度，并非差值，以此获得图像之间的相似结构映像，最终获取客观预测质量分。

令 x，y 为待测图像，$SSIM$ 模型定义为：

$$SSIM(x,y)=[l(x,y)]^{\alpha}[c(x,y)]^{\beta}[s(x,y)]^{\gamma} \tag{3-14}$$

$$l(x,y)=\frac{2\mu_x\mu_y+C_1}{\mu_x^2+\mu_y^2+C_1}$$

$$c(x,y)=\frac{2\sigma_x\sigma_y+C_2}{\sigma_x^2+\sigma_y^2+C_2}$$

$$s(x,y)=\frac{\sigma_{xy}+C_3}{\sigma_x\sigma_y+C_3}$$

式中：x，y 代表原始图像与失真图像；$l(x,y)$、$c(x,y)$、$s(x,y)$ 为 x 和 y 的亮度函数、对比度函数和结构度函数；μ_x、μ_y、σ_x、σ_y、σ_{xy} 为 x 和 y 的亮度均值，方差和协方差；C_1、C_2、C_3 为了避免分母为零设置的常数；α、β、γ 为三部分的权重。

一般取 $\alpha=\beta=\gamma=1$，$C_3=C_2/2$。$SSIM$ 的具体质量评估函数如下：

$$SSIM(x,y)=\frac{(2\mu_x\mu_y+C_1)(2\sigma_{xy}+C_2)}{(\mu_x^2+\mu_y^2+C_1)(\sigma_x^2+\sigma_y^2+C_2)} \tag{3-15}$$

简而言之，结构相似度把图像分为三部分（亮度、对比度以及结构），然后将三者比较，最后加权乘积得到 $SSIM$ 值。

3.3.3　本书改进的模型

本书对各向异性扩散方程做如下的改进：

$$\begin{cases}\dfrac{\partial u}{\partial t}=c(|G_\sigma*\nabla u|)\mathrm{div}(c(|\nabla u|^2)\nabla u)\\ u_0(x,y)=u(x,y;0)\end{cases} \tag{3-16}$$

其中，$c(\cdot)$ 的形式不变，G_σ 是高斯核函数，$G_\sigma(x,y)=\dfrac{1}{\sqrt{2\pi\sigma}}\mathrm{e}^{-\frac{(x^2+y^2)}{4\sigma}}$。对原有模型的改进主要基于以下两点考虑：① $c(|G_\sigma*\nabla u|)$ 项用来增强图像的边缘，控制扩散速度。对梯度较小或对比度低的内部区域不再区分，加强了原模型的各向异性扩散作用。②形式上比较简单，对比原模型只增加了 $c(|G_\sigma*\nabla u|)$ 项，实际中易于编程实现，操作简单。

3.3.4　自适应算法构造

本书提出的自适应基本思想是：用各向异性扩散模型对噪声图像进行迭代，

SSIM 值衡量各次迭代的去噪效果，在获得去噪效果最好的图像时停止迭代，作为最终处理结果。

对含有不同噪声的图像用各向异性扩散方程模型进行滤波，由于图像噪声的类型和大小的不同，达到最佳的去噪效果时所需的迭代次数是不同的。经过对大量的实验结果统计发现，每一次迭代后与迭代前图像之间的 *SSIM* 值随着迭代次数的增加而逐渐趋近于 1，且相邻两个 *SSIM* 值之间的差值也越来越小。对一幅图像加入不同类型的噪声，对其进行 10 次迭代，迭代次数与相邻两幅图像之间的 *SSIM* 值的关系，如图 3-3 所示。

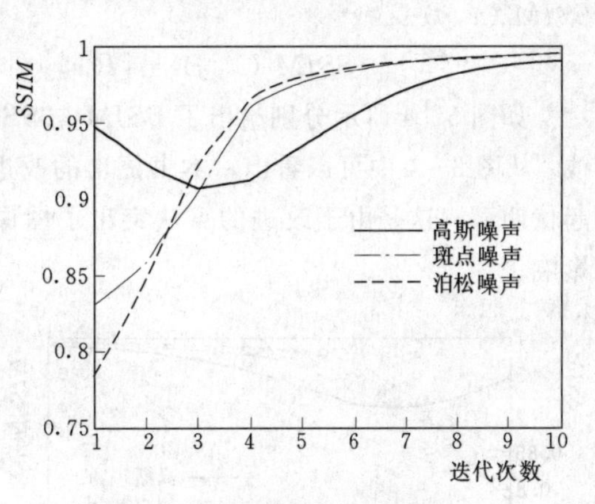

图 3-3　不同噪声下迭代次数与 *SSIM* 的关系曲线

观察 *SSIM* 值的变化趋势，随着迭代次数的增加，*SSIM* 在某一点开始以比较平缓的方式趋向于 1，既相邻两幅图像之间的差别已经越来越小，可以认为此时已得到基本满意的去噪效果。由于噪声类型、大小不同，所需的最佳迭代次数会有差别。每一次迭代结束计算变化曲线的斜率，当该点斜率小于所设阈值时，停止迭代，本书实验中阈值取值为 0.0137。需要指出的是，并非迭代次数越多，除噪效果越好。一方面各向异性扩散方程模型虽然能较好的保护图像的边缘和细节部分，但随着迭代次数的增加，在图像内部仍然会有一定的模糊效应；另一方面，迭代次数的增加会加大计算量，使运算时间变长。因此，找出最佳的迭代次数是自适应滤波器的关键。

3.3.5　自适应滤波中一种改进的结构相似度算法

SSIM 算法具有形式简洁、评价性能好等特点，然而对于噪声严重的图像该算法并不能有效地评价出图像质量。图像的结构信息可以解释为图像中能量足够大的中高频成分[74]，人眼对图像的高频成分（如边界、边缘）非常敏感，而梯度可以很好地反映出图像中微小的细节和纹理特征变化。杨春玲[75]等人提出一种基于梯度的结构相似度图像质量评价方法，梯度的计算采用 Sobel 算子，但 Sobel 算子对像素位置的影响作了加权，因此具有平滑滤波的功能，这会加强各向异性扩散模型的去噪作用。此处只希望计算图像的梯度，平滑去噪会导致无法准确判断图像质量的提高是各向异性扩散模型的或者是 Sobel 算子的作用的结果。可见，在计算图像的梯度时，Sobel 算子并不适用于本书提出的自适应滤波思想。在本书中，为突出迭代次数相邻的两幅图像之间结构的差别，本书利用 Robert 算子对图像进行梯度

运算，用两幅图像的梯度图的相关性代替 *SSIM* 算法中结构的比较，梯度图结构比较函数由 $s'(x,y)$ 给出：

$$s'(x,y)=\frac{\sigma'_{xy}+C_3}{\sigma'_x\sigma'_y+C_3} \tag{3-17}$$

其中，σ'_x、σ'_y、σ'_{xy}分别为图像 x，y 梯度图的标准差和协方差。把式（3-14）中的 $s(x,y)$ 用 $s'(x,y)$ 代替，常数部分不变，得到改进的结构相似度函数 $SSIM'(x,y)$：

$$SSIM'(x,y)=[l(x,y)]^{\alpha}[c(x,y)]^{\beta}[s'(x,y)]^{\gamma} \tag{3-18}$$

如图 3-4 所示分别给出了 *SSIM* 与 *SSIM'* 在不同噪声下随迭代次数的变化曲线。从图 3-4 中可以看出，本书提出的改进的结构相似度随迭代次数的变化曲线起伏明显，这是由于改进的算法突出了图像结构之间的差异，降低了亮度变化的影响。

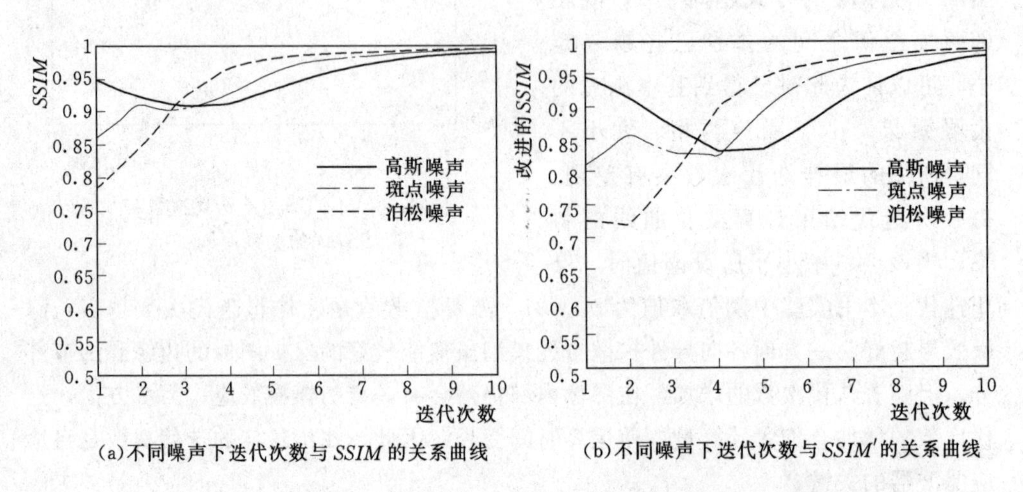

(a)不同噪声下迭代次数与 *SSIM* 的关系曲线　　(b)不同噪声下迭代次数与 *SSIM'* 的关系曲线

图 3-4　*SSIM* 与 *SSIM'* 在不同噪声下随迭代次数的变化曲线

3.4　离散化法分析

前面讨论的各种模型在数学上都是属于非线性的，要得到其解析非常困难，而在实际应用中要处理的是离散采样的数字图像，可以通过借助一定的数值离散格式来简化对算法的实现。下面重点讨论 P-M 模型的离散格式，其他模型都是在此基础上的改进，其离散格式也可按照 P-M 模型的离散化进行推导。

3.4.1　显式差分格式

先来讨论最简单的一维显格式离散。模型的表达式如下：

$$u_t=\partial_x[g(\|\partial_x u_\sigma\|)\partial_x u] \tag{3-19}$$

离散采样图像可以看成一维向量 $u\in R^N$，其中 $u_i, i\in J=\{1,2,\cdots,N\}$ 表示像素 x_i 的灰度值。记 h 为网格长度，离散时间 $t_k=k\tau$，$k\in IN_0$，τ 为时间步长，u_i^k 为 $u(x_i,t_k)$ 的数值近似。那么（3.19）的显示离散形式如下：

$$\frac{u_i^{k+1}-u_i^k}{\tau}=\sum_{j\in N(i)}\frac{g_j^k}{2h^2}(u_j^k-u_i^k) \tag{3-20}$$

其中，$N(i)$ 为像素 i 的邻接像素，g_i^k 是对 $g(\|\nabla u(x_i,t_k)\|)$ 的数值逼近，如果采用中心查分方法，则有：

$$g_i^k=g\left[\frac{1}{2}\sum_{p,q\in N(i)}\left|\frac{u_p^k-u_q^k}{2h}\right|\right] \tag{3-21}$$

可以把显示差分格式写成矩阵形式如下：

$$\frac{u^{k+1}-u^k}{\tau}=A(u^k)u^k \tag{3-22}$$

其中，$A(u^k)=[a_{ij}(u^k)]$

$$a_{ij}(u^k)=\begin{cases}\dfrac{g_i^k+g_j^k}{2h^2}, & j\in N(i)\\ -\displaystyle\sum_{n\in N(i)}\dfrac{g_i^k+g_j^k}{2h^2}, & j=i\\ 0, & \text{其他}\end{cases} \tag{3-23}$$

由式（3-19），可以得到如下的显示迭代形式：

$$u^{k+1}=[I+\tau A(u^k)]u^k \tag{3-24}$$

可以求得式（3-21）显示格式的数值求解的稳定条件为：

$$\tau<\frac{1}{\max\limits_i\sum\limits_{j\neq i}a_{ij}(u^k)} \tag{3-25}$$

从以上的分析可以看出，显式离散格式具有占用存储空间小、格式简单的特点。但是由于是迭代求解，受到时间步长的限制，一般需要大量的迭代才能得到比较长的时间间隔的扩散结果。

3.4.2 半隐格式

下面考虑相对复杂一点离散格式，其表达式为：

$$\frac{u^{k+1}-u^k}{\tau}=A(u^k)u^{k+1} \tag{3-26}$$

整理可得：

$$[I-\tau A(u^{k+1})]u^{k+1}=u^k \tag{3-27}$$

观察式（3-27），需要求解一个线性方程得到 u^{k+1}。而在式（3-26）的右边没有使用全隐式 $A(u^{k+1})u^{k+1}$，所以称之为半隐式差分格式。半隐格式是一种绝对稳定的离散格式，没有如式（3-25）那样对时间步长 τ 的约束。在综合考虑求解稳定性和计算性能后，一般采用半隐式差分格式求解。

在式（3-27）中，矩阵 $I-\Delta t A_h(u^n)$ 是一个三对角矩阵，由问题本身的性质可知该三对角矩阵是一个对角占优矩阵，因此矩阵 $I-\Delta t A_h(u^n)$ 可逆。追赶法是一种对三对角系数矩阵的线性方程求解非常有效的数值算法，追赶法的具体求解过程，文献[76]中作了比较详细的讲解。

3.4.3　高维差分格式

式（3-28）给出了 m 维的扩散模型：

$$u_t=\sum_{l=1}^{m}\frac{\partial}{\partial x_l}\left[g(\|\nabla u_\sigma\|)\frac{\partial u}{\partial x_l}\right] \tag{3-28}$$

此时 m 维差分显式格式的矩阵形式为：

$$u^{k+1}=[I+\tau\sum_{l=1}^{m}A_l(u^k)]u^k \tag{3-29}$$

相应的半隐式为：

$$u^{k+1}=[I-\tau\sum_{l=1}^{m}A_l(u^{k-1})]u^k \tag{3-30}$$

在高维的情况下，显格式求解中对时间步长 τ 的要求更加严格。然而对于半隐格式，此时有 $2m$ 个像素与像素 i 相邻，这样一来就无法使用追赶法求解方程组，因此，引入 AOS(Additive Operator Splitting)：

$$u^{k+1}=\frac{1}{m}\sum_{m}^{1}[I-m\tau A_l(u^{k-1})]u^k \tag{3-31}$$

记算子：

$$B_l(u^k)=I-m\tau A_l(u^k) \tag{3-32}$$

则 $B_l(u^k)$ 表示沿着 x_l 方向扩散分量。由于算子为三对角矩阵，由前面的分析可知可以利用追赶法求解。由于此时的模型不再是一维的，要考虑到原模型对所有 x_l 方向作同等扩散，将整个求解过程进行划分，转换成在不同坐标轴上求解三对角线性方程的一维扩散。分别使用追赶法进行求解，可明显降低运算复杂度。有一点需要注意，那就是虽然式（3-31）和式（3-30）的数值逼近阶都为 $O(\tau+h_1^2+\cdots+h_m^2)$，但在代数意义上并不是等价的。

本部分重点讨论了 P-M 模型的显式差分离散格式以及半隐格式，文献[69]中对自适应有限元的离散格式做了详细分析。Alvaerz 模型虽然在表达式上和 P-M 模型有所不同，但也可以得到类似的离散格式，由于篇幅问题，在此不再详细讨论，具体请参见文献［76］。

3.4.4　改进模型的离散化

本书对上述已改进的模型进行离散化：

$$\left.\begin{aligned}&\frac{\partial u}{\partial t}=c(|G_\sigma * \nabla u|)\operatorname{div}(c(|\nabla u|^2)\nabla u)\\&u_0(x,y)=u(x,y;0)\end{aligned}\right\}\tag{3-33}$$

首先，引进方格坐标 $(ih,jh,n\Delta t)$。其中，h 为网格长度，Δt 为时间步长。

$$0\leqslant i\leqslant N+1,\ 0\leqslant j\leqslant N=1$$

$$u_{i,j}^n=u(ih,jh,n\Delta t)$$

$$\alpha_{i,j}^n=c(|\nabla u|^2)(ih,jh,n\Delta t)$$

$$\beta_{i,j}^n=c(|G_\sigma * \nabla u|)(ih,jh,n\Delta t)$$

$$\operatorname{div}(c(|\nabla u|^2)\nabla u)=\frac{\partial}{\partial x}\left[c(|\nabla u|^2)\frac{\partial u}{\partial x}\right]+\frac{\partial}{\partial y}\left[c(|\nabla u|^2)\frac{\partial u}{\partial y}\right]\tag{3-34}$$

其中

$$\frac{\partial}{\partial x}\left[c(|\nabla u|^2)\frac{\partial u}{\partial x}\right]=\frac{\partial}{\partial x}(c(|\nabla u|^2))\frac{\partial u}{\partial x}+c(|\nabla u|^2)\frac{\partial^2 u}{\partial x^2}\tag{3-35}$$

$\frac{\partial u}{\partial x}$ 与 $\frac{\partial^2 u}{\partial x^2}$ 的离散形式表示如下：

$$\frac{u_{i+1,j}-u_{i-1,j}}{2h}$$

$$\frac{u_{i+1,j}-2u_{i,j}+u_{i-1,j}}{h^2}$$

将 $\frac{\partial u}{\partial x}$ 与 $\frac{\partial^2 u}{\partial x^2}$ 的离散形式代入式（2－35）中，可得到 $\frac{\partial}{\partial x}\left[c(|\nabla u|^2)\frac{\partial u}{\partial x}\right]$ 的离散表达式如下：

$$\frac{1}{2h^2}\left[(\alpha_{i-1,j}^n+\alpha_{i,j}^n)u_{i-1,j}^{n+1}-(2\alpha_{i,j}^n+\alpha_{i-1,j}^n+\alpha_{i+1,j}^n)u_{i+1,j}^{n+1}+(\alpha_{i,j}^n+\alpha_{i+1,j}^n)u_{i+1,j}^{n+1}\right]\tag{3-36}$$

同理交换 i 和 j 可得 $\frac{\partial}{\partial y}\left[c(|\nabla u|^2)\frac{\partial u}{\partial y}\right]$ 的离散表达式如下：

$$\frac{1}{2h^2}\left[(\alpha_{i,j-1}^n+\alpha_{i,j}^n)u_{i,j-1}^{n+1}-(2\alpha_{i,j}^n+\alpha_{i,j-1}^n+\alpha_{i,j+1}^n)u_{i,j+1}^{n+1}+(\alpha_{i,j}^n+\alpha_{i,j+1}^n)u_{i,j+1}^{n+1}\right]\tag{3-37}$$

将 $\frac{\partial}{\partial x}\left[c(|\nabla u|^2)\frac{\partial u}{\partial x}\right]$ 和 $\frac{\partial}{\partial y}\left[c(|\nabla u|^2)\frac{\partial u}{\partial y}\right]$ 的离散形式代入扩散方程中，得到隐式格式：

$$\frac{u_{i,j}^{n+1}-u_{i,j}^{n}}{\Delta t}-\frac{1}{2h^2}\beta_{i,j}^{n}[(\alpha_{i-1,j}^{n}+\alpha_{i,j}^{n})u_{i-1,j}^{n+1}+(\alpha_{i,j-1}^{n}+\alpha_{i,j}^{n})u_{i,j-1}^{n+1}+(\alpha_{i,j}^{n}+\alpha_{i+1,j}^{n})u_{i+1,j}^{n+1}$$
$$+(\alpha_{i,j}^{n}+\alpha_{i,j+1}^{n})u_{i,j+1}^{n+1}+(4\alpha_{i,j}^{n}+\partial_{i-1,j}^{n}+\alpha_{i,j-1}^{n}+\alpha_{i+1,j}^{n}+\alpha_{i,j+1}^{n})u_{i,j}^{n+1}]=0 \tag{3-38}$$

对初始值和边缘有如下规定：

$$u_{i,j}^{0}=u_0(ih,jh),\quad 1\leqslant i\leqslant N,\quad 1\leqslant j\leqslant N$$
$$u_{i,0}^{n+1}=u_{i,1}^{n+1},\quad u_{N,j}^{n+1}=u_{N+1,j}^{n+1},\quad 0\leqslant i\leqslant N+1,\quad 0\leqslant j\leqslant N+1$$
$$u_{0,j}^{n+1}=u_{1,j}^{n+1},\quad u_{i,N}^{n+1}=u_{i,N+1}^{n+1},\quad 0\leqslant i\leqslant N+1,\quad 0\leqslant j\leqslant N+1$$

离散形式可写作：

$$\frac{u^{n+1}-u^{n}}{\Delta t}-A_h(u^n)u^{n+1}=0,\ n\geqslant 0 \tag{3-39}$$

即：

$$(I-\Delta tA_h(u^n))u^{n+1}=u^n \tag{3-40}$$

在式（3-40）中，矩阵 $I-\Delta tA_h(u^n)$ 是一个三对角矩阵，由问题本身的性质可知该三对角矩阵是一个对角占优矩阵，因此矩阵 $I-\Delta tA_h(u^n)$ 可逆。追赶法是一种对三对角系数矩阵的线性方程求解非常有效的数值算法，追赶法的具体求解过程，文献［76］中作了比较详细的讲解。

3.5 仿真实验

在 MATLAB 下，对图像 cameraman 加入不同类型的噪声，用本书提出的自适应算法进行滤波得到的图像与迭代固定次数的图像相比较的结果如图 3-5、图 3-6、图 3-7 所示。

由实验结果可以看出：①用本书提出的自适应除噪方法，评估每一次迭代结束后的图像质量，能够选出与人眼视觉特性相吻合的结果，且能较好地保护图像的边缘和细节部分。②该算法对不同类型噪声的鲁棒性较好，实验中对含 Gauss、Poisson 和 Speckle 三种类型的噪声的图像进行滤波，取得了比较好的结果。

在自适应去噪过程中的图像评价方法中并不涉及原始的标准图像，为了验证上述的实验结果，本书用标准图像评价去噪效果，如表 3-1 所示给出了迭代 1～8 次的图像与标准图像之间的 *SSIM* 值，所得到的数据与图 3-5、图 3-6 和图 3-7 的实验结果基本一致。

(a)对含 Gaussian 噪声图像迭代 1～8 次的结果

(b)用本书算法得到的结果，迭代次数为 4

图 3－5　Gauss 噪声的去噪效果

(a)对含 Poisson 噪声图像迭代 1～8 次的结果

(b)用本书算法得到的结果，迭代次数为 2

图 3－6　Poisson 噪声的去噪效果

(a)对含 Speckle 噪声图像迭代 1～8 次的结果

(b)用本书算法得到的结果,迭代次数为 4

图 3-7 Speckle 噪声的去噪效果

表 3-1　　标准图像与去噪结果之间的 *SSIM* 值

噪声类型	1	2	3	4	5	6	7	8
Gaussian	0.3144	0.3689	0.4065	0.4177	0.4140	0.4043	0.3925	0.3801
Poisson	0.4722	0.5183	0.5243	0.5113	0.4929	0.4734	0.4543	0.4360
Speckle	0.3618	0.3950	0.4166	0.4237	0.4208	0.4122	0.4013	0.3895

3.6　本章小结

本章主要介绍了基于多尺度的图像去噪算法。首先给出了偏微分方程在图像去噪领域的研究现状，介绍了一些常见的去噪模型。针对 P-M 模型去噪无法实现自适应的问题，本书提出一种改进的图像质量评价方法。在借鉴各向异扩散方程去噪的基础上，通过比较和评价相邻处理图像的质量控制离散方程的迭代次数，给出了一种自适应的去噪方法。分析了该模型的离散化实现。实验结果表明：①用本书提出的自适应除噪方法，评估每一次迭代结束后的图像质量，能够选出与人眼视觉特性相吻合的结果，能较好地保护图像的边缘和细节部分。②该算法对不同类型噪声的鲁棒性较好，实验中对含 Gauss 和 Speckle 类型的噪声的图像进行滤波，取得了比较好的结果。

第4章　基于多尺度理论的图像特征分析

4.1　引言

关于尺度概念的科学讨论早在欧拉时代（公元前300年）就开始了，这主要是因为尺度的概念实际上与人类的视觉生理特征密切相关。将尺度的思想应用于计算机视觉和图像处理领域的研究出现在20世纪50年代，如日本物理学家T. Ijima就成功地利用尺度理论解决光学字符识别、医疗诊断[87]等领域的实际问题。近年来，随着计算机视觉和图像处理技术的发展，尺度空间的分析方法和相关应用也逐渐变成了一个富有活力、具有挑战性的热点，被广泛地应用到一些领域。比如，图像分割、特征检测、高阶不变和去除模糊等[95]。

尺度空间的本质思想是在各个尺度研究图像特征的性质和彼此之间的联系[23,88]，这被研究方法称为图像的深层结构分析。从数学的观点来看，尺度空间与偏微分方程密切相关，可以统一纳入演化模型的范畴。其中最为简单，并且也是出现最早的尺度模型为高斯尺度空间，它是随后发展的各向异性模型[83]的基础。高斯尺度空间模型是一个线性模型，并且满足扩散方程[6,23,25]。它对于为进一步应用分析奇异点模型的演变性能是很重要的，这些应用比如：斑点检测、分岔点、过零点等[81,86,94]。Damon给出了一个重要的关于演变模型的结果，他利用Morse理论[82]。提出了关于n维高斯尺度空间稳定芽的一般成果。这些成果理论上解释了临界点生成的行为。受这个思想的启发，Kuijper列举7个基本Catastrophes[89]的例子说明了高斯空间的深层结构。

本章通过引入一种特殊的变换关系[78,79]，称为“K_e－等价”，给出了一个高斯尺度空间模型解的标准型[78,79]。根据Thom著名的突变理论，这种研究方法对于分析二维图像已经足够了[80,90]。这种等价关系保持了模型中临界点演变的性能。基于上述分类，本章讨论了一些标准形式的局部奇异点分岔现象。特别是，发现分岔融合只发生在极值点和鞍点之间。极值点分岔生成只发生在第5种标准形式的起始点，然后会在很短的时间内消失。然而，由于实用性的尺度空间模型，t是一个正参数。因此，这种类型的生成不会发生，因此也就不会影响进一步深层结构模式的研究，这种研究结果与在文献［92］中给出的探索式的讨论保持一致。此外，本章还将对高斯尺度空间作进一步的研究与实验。

4.2 突变理论相关概念及引理

定义 4.2.1　设 $f_0(x,y)\geqslant 0$ 表示二维灰度图像，关于 $f_0(x,y)$ 的 Gauss 尺度模型 $f(x,y,t)$ 是指将 $f_0(x,y)$ 与 Gauss 核做卷积得到的演化模型为：

$$f(x,y,t)=f_0(x,y)\otimes G(x,y,t)$$

其中，$G(x,y,t)=\frac{1}{4\pi t}e^{-\frac{\sqrt{x^2+y^2}}{4t}}$ ，$t>0$ ，t 是一个尺度参数，$\otimes$是一个卷积运算符。

众所周知，Gauss 尺度空间模型满足热扩散方程：

$$\frac{\partial f(x,y,t)}{\partial t}=\Delta f(x,y,t)$$

其中，Δ 表示 Laplace 算子。此外，在实际应用环境中，通过平移，让尺度参数 t 是负数，因此接下来考虑 $t\in$¡

本章将要研究高斯尺度空间稳定芽的几种标准化形式，因此，下面首先介绍突变理论中的一些基本概念。

定义 4.2.2　假如函数 f：$R^{2+p}\to R$ 满足 $f(x,y,0)=f_0(x,y)$，其中 f_0：$R^2\to R$ 为初始光滑函数，那么称函数 $f(x,y,u)$ 为 $f_0(x,y)$ 的 $p-$参数开折。

定义 4.2.3　$(x,y,t_0)\in R^2$ 称为尺度空间模型 $f(x,y,t)$ 的临界点，若固定 t_0 $\in$¡ ，使得 $f(x,y,t)$ 在(x,y,t_0) 点满足 $\frac{\partial f}{\partial x}=\frac{\partial f}{\partial y}=0$。

临界曲线是指集合 $\left\{(x,y,t)\in R^3\,\middle|\,\frac{\partial f}{\partial x}=\frac{\partial f}{\partial y}=0\right\}$。

非退化曲线、退化临界曲线、突变点等相关概念可以参阅文献［78，79］。假如 $t_0\geqslant 0$ 且 f 在 (x,y,t_0) 处的 Hessian 矩阵行列式小于 0，同时 (x,y,t_0) 是非退化临界点，那么点 (x,y,t_0) 则被称为尺度空间中的鞍点。

注 1：本章所给出的尺度空间中的鞍点定义是文献［89］里定义的演绎。事实上，在文献［89］中，鞍点 (x,y,t_0) 满足 $\frac{\partial f}{\partial t}(x,y,t_0)=0$ ，并且该鞍点是非退化临界点。由于 $\frac{\partial^2 f}{\partial x^2}+\frac{\partial^2 f}{\partial y^2}=0$ 属于扩散方程，此时 f 在(x,y,t_0) 处的 Hessian 矩阵的特征值异号，因此 Hessian 矩阵行列式的值为负值。从实际数字图像的角度上来看，图像局部极亮区域与局部极暗区域的交叉点即为尺度空间的鞍点。

定义 4.2.4　设 f_1：$U_1\to R$，f_2：$U_2\to R$ 均为 C^r 函数 (U_1 ，U_2 是 R^2 的开邻域)，并且存在含点 p 的开邻域 $W\in U_1 IU_{22}$，则称 f_1 和 f_2 在点 $p\in U_1 IU_2$ 的邻域

相等。明显地，函数在某点邻域相等构成一个等价关系，则称该等价关系叫做一个在 P 点的 C^{∞} 函数芽。

既然讨论图像临界点局部分岔的性能，为简单起见，可以假设 P 是原始通道平移。记 $(R^2,0)$ 表示 R^n 中含原点的邻域 $f:(R^n,0)\rightarrow(R^m,0)(m,n\in N)$，是指满足 $f(0)=0$ 的映射芽并且定义在 R^n 中包含原点的小邻域内。

定义 4.2.5 称芽 $f,g:(R^3,0)\rightarrow(R,0)$ 是 K_e—等价的，若存在微分同胚芽

$$\varphi:\begin{cases}(R^3,0)\rightarrow(R^3,0)\\(x,y,t)\mapsto(\varphi_1(x,y,t),\varphi_2,(t))\end{cases}\text{和 }\psi:\begin{cases}(R^2,0)\rightarrow(R^2,0)\\(\omega,t)\mapsto(\bar{\psi}(\omega,t),t),\end{cases}$$

使得：

$$g(x,y,t)=\bar{\psi}(f\circ\varphi(x,y,t),t)\tag{4-1}$$

其中，$\varphi_1:(R^3,0)\rightarrow(R^2,0)$，$\varphi_2:(R,0)\rightarrow(R,0)$，$\bar{\psi}:(R^2,0)\rightarrow(R,0)$ 满足 $\varphi'_2(0)>0$，$(\partial\bar{\psi}/\partial\omega)(0,0)>0$，$\bar{\psi}(0,t)=0$，$\forall t\in(\mathbf{R},0)$

注 2：当在胚芽的展开中考虑 K_e—等价的时候，允许方程式（4-1）中含有一个常量：展开参数如方程式（4-2）。

注 3：由定义 4.2.5 可知，K_e—等价保持函数芽的临界点。事实上，对于固定的 $t_0\in(R,0)$，若 (x_0,y_0,t_0) 为函数芽 $g(x,y,t)$ 的临界点，即：

$$\frac{\partial g}{\partial x}(x_0,y_0,t_0)=\frac{\partial g}{\partial y}(x_0,y_0,t_0)=0$$

在 K_e—等价关系下有：

$$g(x_0,y_0,t_0)=\bar{\psi}(f\circ\varphi(x_0,y_0,t_0),t_0)+c,$$

从而 $(\varphi_1(x_0,y_0,t_0),\varphi_2(t_0))$ 为函数芽 $f(x,y,t)$ 的临界点。换句话说，微分同胚芽 φ 和 ψ 保持函数芽 f 的临界点不变。

关于 K_e—等价，下面有一个重要的结论。

引理 4.2.1（Morse 引理[77]）若 $f(x,y,t):(R^3,0)\rightarrow(R,0)$ 在原点处关于 x，y 的 Hesse 矩阵秩为 1，则 f 与形如 $\varepsilon x^2+h(x,t)$ 或 $\varepsilon y^2+h(x,t)$ 的函数芽 $K_e{}^l$—等价，此时 $\varepsilon=\pm1$，且 h 在原点分别求它对 y 和 x 的一阶偏导及二阶偏导，所得结果都是 0。

接着讨论一下 K_e—等价的单参数开折形式，也就是 (φ,ψ,c) 对函数芽 $f(x,y,t)$ 的单参数开折 $F(x,y,t,u)$ 包含以下功能：

$(\varphi,\psi,c)\cdot F(x,y,t,u)=\psi\circ F\circ\varphi(x,y,t,u)+(c(u),0,0)$，其中微分同胚芽 $\psi:(R^3,0)\rightarrow(R^3,0)$ 和 $\psi:(R^4,0)\rightarrow(R^4,0)$ 满足：

$$\psi(w,t,u)=(\bar{\psi}(w,t,u)t,u),(\partial\bar{\psi}/\partial w)(0,0,0)>0,\bar{\psi}(0,t,u)=0$$

$$\bar{\psi}(w,t,0)=w,(\partial\bar{\psi}/\partial w)(0,0,0)>0$$

$$\varphi(x,y,t,u)=(\varphi_1(x,y,t,u),\varphi_2(t,u),u)$$

此外，$c(u):(R,0)\to(R,0)$，$F(x,y,t,u)=(\bar{F}(x,y,t,u),t,u)$ 满足：

$$\bar{F}(x,y,t,0)=f(x,y,t)$$

则可得式（4-2）：

$$\begin{aligned}&\psi\circ F\circ(\varphi_1(x,y,t,u),\varphi_2(t,u),u)+(c(u),0,0)\\&=\psi\circ(\bar{F}(\varphi_1(x,y,t,u),\varphi_2(t,u),u),\varphi_2(t,u),u)+(c(u),0,0)\\&=(\bar{\psi}(\bar{F}(\varphi_1(x,y,t,u),\varphi_2(t,u),u),\varphi_2(t,u),u),\varphi_2(t,u),u)+(c(u),0,0)\end{aligned}\tag{4-2}$$

对第一个分量关于 u 求偏导：

$$\frac{\partial\bar{\psi}}{\partial\bar{F}}\left(\frac{\partial\bar{F}}{\partial\varphi_1}\frac{\partial\varphi_1}{\partial u}+\frac{\partial\bar{F}}{\partial\varphi_2}\frac{\partial\varphi_2}{\partial u}+\frac{\partial\bar{F}}{\partial u}\right)+\frac{\partial\bar{\psi}}{\partial\varphi_2}\frac{\partial\varphi_2}{\partial u}+\frac{\partial\bar{\psi}}{\partial u}+\frac{dc}{du}$$

由上述函数芽的性质可知在 $u=0$ 处有 $\frac{\partial\bar{\psi}}{\partial\bar{F}}=1$，$\frac{\partial\bar{F}}{\partial\varphi_1}\frac{\partial\varphi_1}{\partial u}\in\varepsilon_{x,y,t}\left\langle\frac{\partial f}{\partial x},\frac{\partial f}{\partial y}\right\rangle$，$\frac{\partial\bar{f}}{\partial\varphi_2}$

$\frac{\partial\varphi_2}{\partial u}\in\varepsilon_t\left\langle\frac{\partial f}{\partial t}\right\rangle$。其中〈·〉表示有限生成的理想。由于 $\bar{\varphi}(\omega,t,0)=\omega$，通过

$\bar{\psi}(0,t,u)=0$，$\frac{\partial\bar{\psi}}{\partial u}|_{u=0}\in m_\omega\cdot\varepsilon_{\omega,t}$，可以得到 $\frac{\partial\bar{\psi}}{\partial\varphi_2}|_{u=0}=0$，其中：$\varepsilon_{x,y,t}:(R^3,0)\to R$，$\varepsilon_t:(R,0)\to R$，$\varepsilon_{\omega,t}:(R^2,0)\to R$ 是关于其下标变量的函数芽全体，$\omega=f(x,y,t)$，$m_\omega:(R,0)\to(R,0)$ 是极大理想。相比较于文献［84］，本书定义函数芽切空间如下所述：

定义 4.2.6　K_e－等价关系下、函数空间 $\varepsilon_{x,y,t}$ 中，函数芽 $f(x,y,t)$ 的切空间为：

$$T_{K_e}f=\varepsilon_{x,y,t}\left\langle\frac{\partial f}{\partial x},\frac{\partial f}{\partial y}\right\rangle+\varepsilon_t\left\langle\frac{\partial f}{\partial t}\right\rangle+m_\omega\varepsilon_{\omega,t}+R\langle 1\rangle$$

向量空间 $\varepsilon_{x,y,t}/T_{K_e}f$ 的维数定义为函数芽 f 的余维。尤其当 f 的余维为零时，称函数芽 f 为稳定芽。

考虑到 K_e－等价的自身的作用，在 jet 空间 $m_{x,y,t}/m_{x,y,t}^{l+1}$ 中，记为：$K_e{}^l$－等价，其中 $m_{x,y,t}^{l+1}$ 表示偏导数从零阶到 l 阶均为零的函数芽形成的理想。容易看出，这个空间的作用是一个 Lie 群作用。同理，得到下面的定义。

定义 4.2.7：对于任意的 $f(x,y,t)\in m_{x,y,t}$，在 $K_e{}^l$－等价关系下位于 $m_{x,y,t}/m_{x,y,t}^{l+1}$ 中的切空间定义为：

$$T_{K_e{}^l}f=m_{x,y,t}\left\langle\frac{\partial f}{\partial x},\frac{\partial f}{\partial y}\right\rangle+m_t\left\langle\frac{\partial f}{\partial t}\right\rangle+m_\omega\varepsilon_{\omega,t}\mod m_{x,y,t}^{l+1}\tag{4-3}$$

式中各种记号定义同上。

定义 4.2.8：设 $g(x,y,t)\in m_{x,y,t}/m_{x,y,t}^{l+1}$，若 $f(x,y,t)\in m(x,y,t)$ 的前 l 阶

Taylor 展式等于 $g(x,y,t)$，就是 $f(x,y,t)K_e$ —等价于 $g(x,y,t)$，则称函数芽 $f(x,y,t)$ 是 l—决定的。

于是有下面重要的关于 $K_e{}^l$—等价的引理：

引理 4.2.2（Mather 引理[93]）设：

$f_u(x,y,t)=F(x,y,t,u):(R^3,0)\to(R,0)$ 为函数芽族，其中 $u\in(R,0)$。如果对于所有的 u，$\dim T_{K_e{}^l}f_u$ 固定且 $\partial F/\partial u\in T_{K_e{}^l}f_u$，则 f_u 为 l—决定的，$\forall u\in(R,0)$。

4.3 高斯尺度空间模型的标准形

首先，考虑到高斯尺度空间在线性等价的作用下的一些情况。假设模型 $f(x,y,t)$ 经过线性变换之后得到的模型为 $f(u,v,t)$，其中 $\begin{pmatrix}u\\v\end{pmatrix}=A\begin{pmatrix}x\\y\end{pmatrix}$，$A=\begin{pmatrix}a_{11}&a_{12}\\a_{21}&a_{22}\end{pmatrix}$ 为二阶矩阵。由于线性变换前后高斯尺度空间模型都应该符合热扩散方程的条件，因此本章通过证明得到下面几个命题。

命题 4.3.1 变换矩阵 A 为正交矩阵，即此线性变换是正交变换。

证明：由已知有 $\dfrac{\partial f}{\partial t}=\dfrac{\partial^2 f}{\partial x^2}+\dfrac{\partial^2 f}{\partial y^2}=\dfrac{\partial^2 f}{\partial u^2}+\dfrac{\partial^2 f}{\partial v^2}$。由于

$$\frac{\partial^2 f}{\partial x^2}=\frac{\partial^2 f}{\partial u^2}a_{11}^2+\frac{\partial^2 f}{\partial u\partial v}a_{21}a_{11}\ \frac{\partial^2 f}{\partial u\partial v}a_{11}a_{21}+\frac{\partial^2 f}{\partial v^2}a_{21}^2$$

$$\frac{\partial^2 f}{\partial y^2}=\frac{\partial^2 f}{\partial u^2}a_{12}^2+\frac{\partial^2 f}{\partial u\partial v}a_{22}a_{12}+\frac{\partial^2 f}{\partial v^2}a_{22}^2$$

所以 $\dfrac{\partial^2 f}{\partial u\partial v}$ 系数是 0，$\dfrac{\partial^2 f}{\partial u^2}$ 和 $\dfrac{\partial^2 f}{\partial v^2}$ 系数为 1，因此 A 是正交矩阵。

注 4：相似地，如果扩展到 n 维高斯尺度空间模型中可以得到同样的结果。因为正交变换不会改变图像的形状，它不能简化图像的研究，这就是本章介绍非线性 K_e —等价的一个原因。

此外，由于本书仅仅考虑了稳定芽，根据突变理论，函数芽经过微小扰动性质仍保持不变。这种假设是合理的，因为 Gauss 尺度模型具有较强的抵抗噪音、攻击等干扰的能力。

定理 4.3.1　（$K_e{}^l$ — 等价标准形）假设 Gauss 尺度空间模型

$f(x,y,t):(R^3,0)\to(R,0)$ 是稳定芽，则 $f(x,y,t)K_e$ — 等价于如下标准形：

(1) x。

(2) x^2+y^2+4t。

(3) $x^2-y^2+\varepsilon\left(t^2+tx^2+\dfrac{1}{12}x^4\right)$。

(4) $x^3+6tx+\varepsilon(y^2+2t)$。

(5)$x^3 - 6tx - 6xy^2 + \varepsilon(y^2 + 2t)$。 (4-4)

其中，$\varepsilon = \pm 1$。

证明：设 $f_u(x,y,t) = F(x,y,t,u):(R^3,0) \to (R,0)$ 为尺度空间模型 $f(x,y,t)$ 的扰动开折，其中 $u \in (R,0)$。

假如 $f_u(x,y,t)$ 的泰勒展开式中包含类似 $ax+by$ 的线性项，并且 a，b 不同时为零，则 $T_{K_e} f_u = \varepsilon_{x,y,t}$，根据定义 4.2.6 可知是稳定芽。此外

$$T_{K_e}{}^l f_u = m_{x,y,t} \quad \bmod \quad m_{x,y,t}^2$$

而 $f_u(0,0,0) = 0$，$\forall u \in (R,0)$，所以：

$$\partial f_u / \partial u \in m_{x,y,t}$$

由引理 4.2.2 知 f_u 为 1－决定的。因此可取 $f(x,y,t) = x$ 作为标准形，即此时所有的 f_u 都 K_e－等价 x。

假如 $f_u(x,y,t)$ 的泰勒展开式中不含有线性项，则考虑 f_u 在原点处的 Hessian 矩阵。

如果 Hessian 矩阵的秩等于 2，利用某些合适的正交变换后，展开后的泰勒多项式中应包括类似 $a_1x^2 + b_1y^2$ 的项，且 a_1b_1 为非零值。由命题 4.3.1 可知，经正交变换后的函数芽仍会满足热扩散方程，即泰勒展开式中还包括 $2ct$ 项，其中 $c = a_1 + b_1$。当 a_1，b_1 为同号时，此时 $c \neq 0$，因而可得：

$$T_{K_e}{}^2 f_u = m_{x,y,t}\langle x,y \rangle + m_\omega \varepsilon_{\omega,t} + m_t \langle 2c \rangle = m_{x,y,t}^2 + m_t \quad \bmod \quad m_{x,y,t}^3$$

其维数与 u 无关。另外，同样由 f_u 满足的假设知 $\partial f_u/\partial u \in m_{x,y,t}^2 + m_t = T_{K_e}{}^2 f_u$，$\forall u \in (R,0)$，因此 f_u 为 2－决定的，这时可取 $f(x,y,t) = x^2 + y^2 + 2t$ 为标准形。

另一方面，当 a_1，b_1 异号时，假设 $a_1 = -a_2$，这时 $c=0$。因为 f_u 需要满足热扩散方程，所以 f_u 的泰勒展开式中含 t 的项至少应为 2 次，也就是可能包括 tx，ty 或者 t^2 等项。本书先假设 f_u 包括 tx 项，从而 f_u 的泰勒展开式的前 3 项为 $a_1x^2 - a_1y^2 + c_1tx$，$c \neq 0$。

并且由 f_u 符合热扩散方程的条件可知，f_u 的展开式中应还包括 $\frac{1}{6}c_1x^3$ 项。通过计算可知 $t \notin T_{K_e} f_u$，从而函数芽 f_u 的余维数不为零，$\forall u \in (R,0)$，则 f_u 不为稳定芽。在包括 ty 项的 f_u 的应用场合下，也可得到相类似的结论。接着考虑一下 f_u 展开式中含 $c_2t^2(c_2 \neq 0)$ 的情况。相似地，由于 f_u 需要符合热扩散方程，所以假如 f_u 包括 c_2t^2 项，那么还应包括类似于 $\frac{1}{2}c_2tx^2 + \frac{1}{12}c_2x^4$ 的项。由于：

$$T_{K_e}{}^2 f_u = m_{x,y,t}\langle x,y \rangle + m_\omega \varepsilon_{\omega,t} + m_t \langle t \rangle = m_{x,y,t}^2 \quad \bmod \quad m_{x,y,t}^3$$

而对 $\forall u \in (R,0)$，f_u 的泰勒展开式中含有：

$f(x,y,t) = x^2 - y^2 + \varepsilon(t^2 + (1/2)tx^2 + (1/12)x^4)$ 因此由 x^2，y^2，t^2，tx^2 和

x^4 可以得到 $\partial f/\partial u$，下面 $\partial f/\partial u \in m^2_{x,y,t}$。因而 f_u 是 2－决定的。所以可取 $f(x,y,t) = x^2 - y^2 + \varepsilon(t^2 + (1/2)tx^2 + (1/12)x^4)$，其中 $\varepsilon = \pm 1$。

很显然，这个芽的余维数是 0，它是稳定的。至于包含 t 的项至少要三阶，通过简单的计算，发现它们的余维数不是 0，因此它们是不稳定的。

接下来考虑 Hessian 矩阵秩为一的情况。由引理 4.2.1 可知，设 f_u 是 $\varepsilon y^2 + h(x,t)$ 的 K_e－等价，其中 $\varepsilon = \pm 1$，h 对于 x 在原点的 1 阶和 2 阶偏导均为 0。$h(x,t)$ 的泰勒展开式中应包括类似于 a_3x^3 的项。假如 $a_3 = 0$，明显地可以看到 x，$x^2 \notin T_{K_e{}^3} f_u$，即 f_u 的余维不是 0，所以这时 f_u 不是稳定芽。若 $a_3 \neq 0$，因为 f_u 符合热扩散方程的条件，因此 f_u 还应包含有 $6a_3tx + 2\varepsilon t$ 或者 $-6a_3tx - 6a_3xy^2$ 项，即 f_u 的泰勒展开式中前 4 项应为：

$\varepsilon(y^2 + 2t) + a_3(x^3 + 6tx)$ 或者 $\varepsilon(y^2 + 2t) + a_3(x^3 - 6tx - 6xy^2)$。为了简单起见只考虑 $\varepsilon = 1$。如果 f_u 的 Taylor 展开式含有：

$\varepsilon(y^2 + 2t) + a_3(x^3 + 6tx)$，则：

$$T_{K_e{}^3} f_u = m_{x,y,t}\langle x^2 + 2t, y\rangle + m_\omega \varepsilon_{\omega,t} + m_t\omega_{\varepsilon,t} + m_t\langle 1 + 3a_3x\rangle \mod m^4_{x,y,t}$$

由于 x^3，y^2，t，$tx \in T_{K_e{}^3} f_u$，因此 $\partial f_u/\partial u \in T_{K_e{}^3} f_u$，即 f_u 为 3－决定的且可取

$f(x,y,t) = x^3 + 6tx + \varepsilon(y^2 + 2t)$ 为标准形。

如果 f_u 得 Taylor 展开式含有 $\varepsilon(y^2 + 2t) + a_3(x^3 - 6tx - 6xy^2)$，则：$T_{K_e{}^3} f_u = m_{x,y,t}\langle x^2 - 2t, y - 6a_3xy\rangle + m_\omega\varepsilon_{\omega,t} + m_t\langle 1 - 3x\rangle \mod m^4_{x,y,t}$。

由于 $y^2 - 6a_3xy^2 = y\langle y - 6a_3xy\rangle$，且 $f_u \in m_\omega\varepsilon_{\omega,t}$，因而 $x^3 - 6tx + 2t \in T_{K_e{}^3} f_u$。

又 $2t(1 - 3x) + 3x(x^2 - 2t) = 2t + 3x^2$，从而 $18tx - 4t \in T_{K_e{}^3} f_u$。

再加上 $2t(1 - 3x) \in T_{K_e{}^3} f_u$，有 $t \in T_{K_e{}^3} f_u$，进而有 $tx, x^3 \in T_{K_e{}^3} f_u$。

综上可知，对 $\forall u \in (R,0)$，由于 $\partial f_u/\partial u$ 为 t，tx，x^3，$y^2 - 6a_3xy$ 的线性组合，所以 $\partial f_u/\partial u \in T_{K_e{}^3} f_u$，亦即 f_u 是由 3－所确定，且可选

$f(x,y,t) = x^3 - 6tx - 6xy^2 + \varepsilon(y^2 + 2t)$ 为标准形。

接下来，本章将证明函数芽 $f^{\%}(x,y,t) = x^3 + 6tx + \varepsilon(y^2 + 2t)$ 为稳定芽。不妨仅考虑 $\varepsilon = 1$ 的情况。此时，

$$T_{K_e} f^{\%} = \varepsilon_{x,y,t}\langle x^2 + 2t, y\rangle + m_\omega\varepsilon_{\omega,t} + \varepsilon\langle 1 + 3x\rangle + R \cdot \langle 1\rangle$$

显然，$x \in T_{K_e}\tilde{f}$。

又 $$2t(1 + 3x) - 3x(x^2 + 2t) = 2t - 3x^3 \in T_{K_e}\tilde{f}$$

并且由 $$m_\omega \cdot \varepsilon_{\omega,t} \in T_{K_e}\tilde{f} \text{ 可知 } x^3 + 6tx + 2t \in T_{K_e}\tilde{f}$$

所以 $$3(x^3 + 6tx + 2t) + (2t - 3x^3) = 8t + 18tx \in T_{K_e}\tilde{f}$$

又 $$2t(1 + 3x) = 2t + 6tx \in T_{K_e}\tilde{f}\text{，从而 } t \in T_{K_e}\tilde{f}$$

这样
$$x^2,\ tx \in T_{K_e}\tilde{f}$$
又由于
$$t(x^3+6tx+2t)=tx^3+6t^2x+2t^2$$
$$tx(x^2+2t)=tx^3+2t^2x$$
$$t^2(1+3x)=t^2+3t^2x$$
可知 x^3，t^2x，$t^2 \in T_{K_e}\tilde{f}$。

此外，由 $t(x^2+2t)=tx^2+2t^2$ 有 $tx^2 \in T_{K_e}\tilde{f}$，从而由
$$x^2(x^2+2t)=x^4+2tx^2$$
可得：
$$x^4 \in T_{K_e}\tilde{f}$$
由此类似可证关于 x，t 的所有项均含于 $T_{K_e}\tilde{f}$。从而 $T_{K_e}f=\varepsilon_{x,y,,t}$，$f$ 是稳定的芽。

至于标准形 $\bar{f}(x,y,t)=x^3-6tx-6xy^2+\varepsilon(y^2+2t)$，由于
$$T_{K_e}\bar{f}=\varepsilon_{x,y,t}\langle 3x^2-6t-6y^2-12xy+2y\rangle+m_\omega\cdot\varepsilon_{\omega,t}+\varepsilon_t\langle 2-6x\rangle+R\cdot\langle 1\rangle$$
注意到 $-12xy+2y=2y(1-6x)$，因为 $\dfrac{1}{(1-6x)}\in\varepsilon_{x,y,t}$，所以 $y\in T_{K_e}\bar{f}$。这样 $T_{K_e}\bar{f}=T_{K_e}\bar{f}=\varepsilon_{x,y,t}$。

所以标准形 $\bar{f}(x,y,t)$ 也是稳定芽。

注 5：在定理（4.3.1）给出的表达式类似于[82]提出的一般结论，但是由于关注与二维的情况，使得结论更简明易懂。此外，在图像处理中，两者最重要的差别是本书从实际应用方面研究标准形式演变的性能，而它们则阐明了一些出现在当前著作中的观点。

4.4　高斯尺度空间模型的分岔分析

本节将研究高斯尺度空间标准形式下的临界点的分岔情况。由定义 4.2.3 可知，临界点可以被分为退化的临界点、极值点和尺度空间鞍点。由 Sard 定理可以知道退化临界点的测度是 0。因此，下面主要讨论极值点和鞍点的分岔情况，这些情况称为生成和融合现象[78,79]。

4.4.1　第一种标准形

显然，第一种标准形 $f(x,y,t)=x$ 无临界点。

4.4.2　第二种标准形

对于第二种标准形 $f(x,y,t)=x^2+y^2+4t$，对任意的 t，$(0,0,t)$ 为非退化的临界点，且均为极值点。这个标准形式不会有生成和融合现象，其原因在于此标准形式没有鞍点。

4.4.3　第三种标准形

对于这种情况来讲：

$$f(x,y,t)=x^2-y^2+\varepsilon[t^2+(1/2)t\cdot x^2+(1/16)x^4](\varepsilon=\pm 1)$$

本书先考虑 $\varepsilon=-1$ 的情形，由于 $f_x=2x-tx-\frac{1}{4}x^3$，$f_y=-2y$，$H=\begin{bmatrix}2-2t-x^2 & 0\\ 0 & -2\end{bmatrix}$，因此临界点为（0，0，0）以及（$\pm\sqrt{6-6t}$，0，0）如图 4-1（a）所示，突变点 $(x,y,t)=(0,0,1)$。通过简单计算可知，当 $t<1$ 时，$(0,0,t)$ 为尺度空间鞍点；当 $t>1$ 时，$(0,0,t)$ 是极大值。对 $\forall t<1$，点 $(\pm\sqrt{6-6t},0,t)$ 均为极大值点。临界曲线 $(0,0,t)$ 和 $(\pm\sqrt{6-6t},0,t)$ 的强度曲线分别是 $f=-t^2$ 和 $f=2t^2-6t+3$，$t<1$ 如图 4-1（b）所示。两条灰度曲线在 $t=1$ 处融合为一条，因此这种现象是极大值与鞍点融合为极大值的现象。

类似的，当 $\varepsilon=1$，它也可以展现极大值点与尺度空间鞍点将会融合成鞍点的现象。

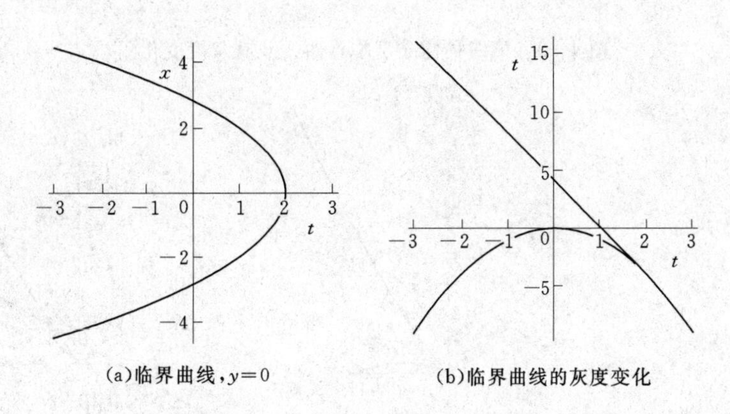

(a)临界曲线，$y=0$　　(b)临界曲线的灰度变化

图 4-1　第三种标准型临界曲线及其灰度变化图

4.4.4　第四种标准形

下面介绍第四种标准形，先考虑 $\varepsilon=1$ 的情况，即：

$$f(x,y,t)=x^3+6tx+y^2+2t$$

显然 $f_x=3x^2+6t$，$f_y=2y$，$f_t=6x+12$，$\det(H)=12x$。$(0,0,t)$ 为突变点。

临界曲线为 $(x,y,t)=(\pm\sqrt{-2t},0,t)$，$t\leqslant 0$，如图 4-2（a）所示。其中上半部分曲线 $(x,y,t)=(\sqrt{-2t},0,t)$ 由尺度空间鞍点组成，它们相应的灰度曲线为 $f(t)=2t+4t\sqrt{-2t}$，而其中下半部分曲线 $(x,y,t)=(-\sqrt{-2t},0,t)$ 由尺度空间极小值点组成，它们的灰度曲线为 $f(t)=2t-4t\sqrt{-2t}$，如图 4-2（b）所示。特殊点为 $A\left(-\frac{1}{3},0,-\frac{1}{18}\right)$，在[89]中，该点满足 $\partial f/\partial t=0$，且该点只是一个具有最小灰度值的尺度空间鞍点。

从图 4-2（b）可知，在 $t=0$ 处曲线所包含的极小值点和鞍点融合，然后这些极小值点消失。因此，这里有极小值点和鞍点融合分岔现象的发生。

当 $\varepsilon=-1$，同理可得上述现象。

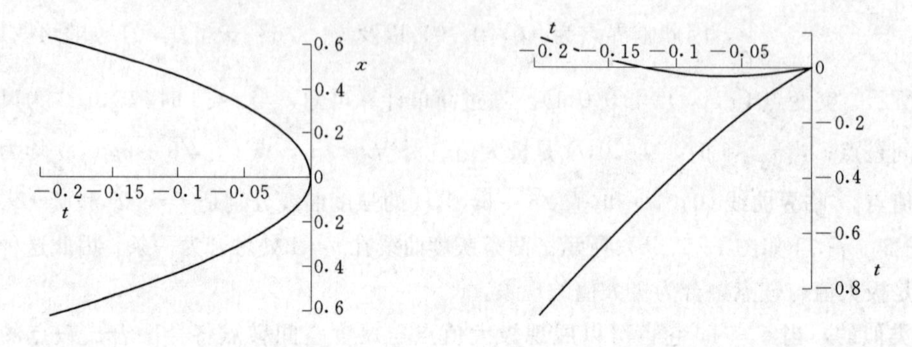

(a)临界曲线 $(x,y,t)=(\pm\sqrt{-2t},0,t),t\leqslant 0$　　(b)相应的临界曲线的灰度变化 $f(t)=2t\pm 4t\sqrt{-2t}$

图 4-2　第四种标准型临界曲线及其灰度变化图

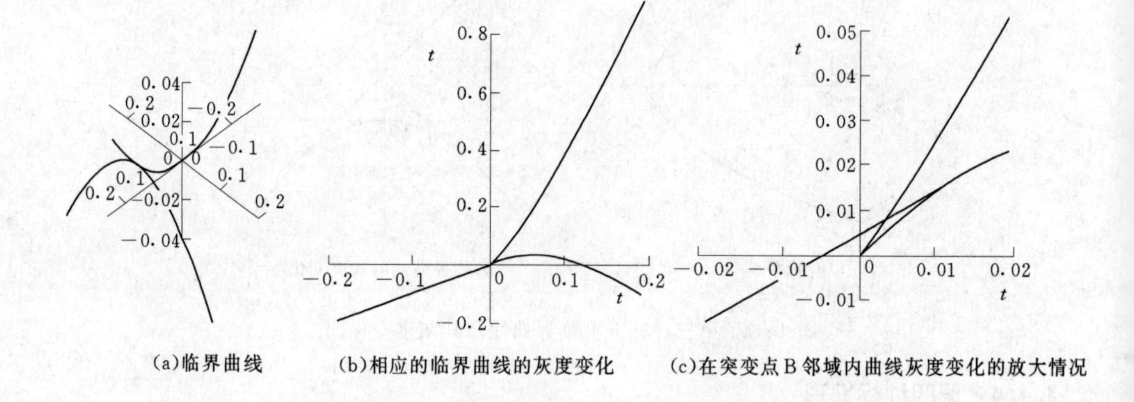

(a)临界曲线　　(b)相应的临界曲线的灰度变化　　(c)在突变点 B 邻域内曲线灰度变化的放大情况

图 4-3　临界曲线以及临界曲线的变化情况

4.4.5　第五种标准形

最后考虑第五种标准形：$f(x,y,t)=x^3-6tx-6xy^2+y^2+2t$。可得 $f_x=3x^2-6t-6y^2$，$f_y=-12xy+2y$，$f_y=-6x+2$，$\det(H)=12x(1-6x)-144y^2$。临界曲线为 $(x,y,t)=(\pm\sqrt{2t},0,t)$ 和 $(x,y,t)=\left(\frac{1}{6},\pm\sqrt{\frac{1}{72}-t},t\right)$，其中突变点为 $(x,y,t)=(0,0,0)$ 及 $(x,y,t)=\left(\frac{1}{6},0\,\frac{1}{72}\right)$，后者为这两条曲线的交叉点如图 4-3（a）所示。此外，曲线 $(x,y,t)=(\pm\sqrt{2t},0,t)\left(0<t<\frac{1}{72}\right)$ 包含极小值点，

而若 $t>\frac{1}{72}$，该曲线由鞍点组成。它们的灰度曲线是 $f(t) = 2t - 4t\sqrt{2t}$。另一方面，$(x,y,t) = (-\sqrt{2t},0,t)t > 0$ 和 $(x,y,t) = \left(\frac{1}{6}, \pm\sqrt{\frac{1}{72}-t}, t\right)t < \frac{1}{72}$ 是曲线上的鞍点，它们的灰度变化曲线分别是 $f(t) = 2t + 4t\sqrt{2t}$ 和 $f(t) = \frac{1}{216} + t$，如图 4-3 (b)、(c) 所示。

通过图 4-3 (a)、(c)，可以看出若 $t<0$，在灰度变化曲线 $f(t)=\frac{1}{216}+t$ 尺度空间模型只有鞍点。从 $t=0$ 开始，随着 t 的不断增大，伴随着灰度变化曲线 $f(t) = 2t + 4t\sqrt{2t}$ 临界曲线分岔变成极小值点和鞍点。于是出现了极小值和鞍点生成分岔的结果。然而，在 B 点这些极小值点与鞍点 $(x,y,t) = \left(\frac{1}{6}, \pm\sqrt{\frac{1}{72}-t}, t\right)$ 将会融合，其中 $t=\frac{1}{72}$，最终形成一条鞍点曲线。因此在从第五标准形的同种灰度变化曲线上我们也可以看出分岔过程的产生与融合，如图 4-4 所示。

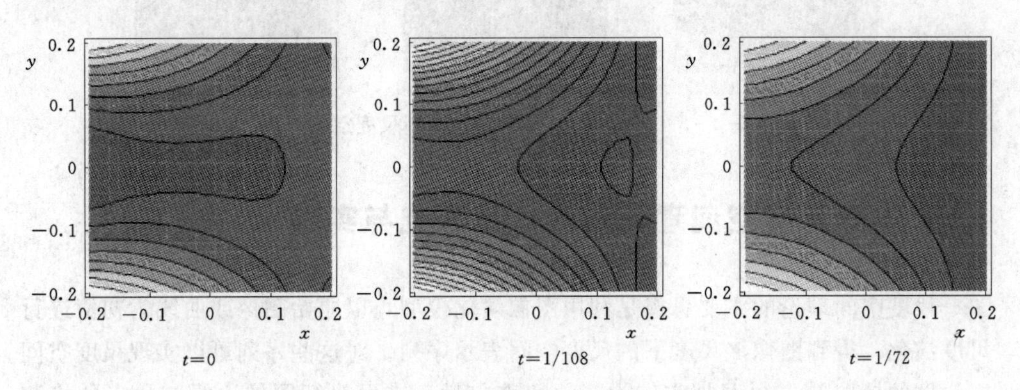

图 4-4 尺度参数 t 增大时极值点与鞍点对的生成与融合

同理可知，当 $\varepsilon=-1$ 时，我们可以得出同样的结论：在 $t=0$ 时，鞍点和极大值点产生分岔，然后它们之间的融合现象将会发生。

4.4.6 进一步分析

Koenderink 曾经指出高斯尺度空间模型不能生成任意 Spurious 图像的细节[23]。在图像处理领域，由于高斯尺度模型的平滑功能，它经常被用作抑制噪声（图 4-5）。然而，从上述讨论可以看出这个结论仅仅部分的支持。

事实上，分岔的融合只发生在第三种和第四种标准形中。此外，通过扩散方程 $\frac{\partial f}{\partial t} = \frac{\partial^2 f}{\partial x^2} + \frac{\partial^2 f}{\partial y^2}$，得到：若 (x_0, y_0, t_0) 是一个极值点，当 $\frac{\partial^2 f}{\partial x^2} + \frac{\partial^2 f}{\partial y^2} > 0$ 时，它是

极小值点；当 $\frac{\partial^2 f}{\partial x^2}+\frac{\partial^2 f}{\partial y^2}<0$ 时，它是极大值点。由此断定灰度强度将会在极小值点增加，并且在极大值点处降低。因此，图像的强度总是有一个趋近于平均强度的趋势，这种情况表现在由于高斯卷积的作用图像渐渐的变模糊了。第五种标准形证明了分岔点生成的一种新的行为。在 $t=0$ 处，临界曲线分岔为一条极值曲线和一条鞍点曲线［比较如图 4-3（c）所示］。因此，像[82,89]文中声明的一样，在高维图像 $(n,2)$ 中，存在着一个复杂的生成现象。然而，在实际当中，尺度空间分析经常与图像的特征相关，比如：斑点、山脊、沟壑等[91]，以数学理论的观点这些特征通常由极值点组成。此外，生成现象只发生在 $t=0$ 处。但是为了实际的需求，在尺度空间理论上通常让 $t>0$。因此，可以声称鞍点的分岔不影响图像的深层结构，这一点与[89]中的结论一致。

图 4-5　尺度参数 t 增加时的高斯尺度空间图像

4.5　高斯尺度空间理论的进一步研究与实验

尺度空间理论的主要思想是利用图像演化模型，以原始图像或曲线为初值进行尺度演化，得到图像多尺度下的尺度空间表示序列。对这些序列可以实现尺度空间主轮廓的提取[96]，并且把它作为一种特殊向量，进而执行图像边缘与角点的检测以及针对不同分辨率的特征提取等[97]。尺度空间是一种基于区域而不是基于边缘的表述，它无需图像的先验知识[98]。

4.5.1　一维信号的高斯尺度空间

可以用一维信号的抽样值来表示一维信号的高斯尺度空间[100]。即取当 $K=3\times\sigma$ 时[101]，在一维输入信号进行抽样，即在 $-K$、$-K+1$、…、-1、0、1、…、$K-1$、K 的位置处进行对信号值进行抽样。一维信号的高斯核可以表示为 $G(x,\sigma)=\frac{1}{\sqrt{2\pi}\sigma}\exp\left(-\frac{x^2}{2\sigma^2}\right)$。因此，一维信号的高斯尺度空间可以通过对信号与高斯核函数二阶导数进行连续卷积并抽样而获得。

一维信号和一维高斯核卷积如式（4-5）所示，式（4-5）的二阶导数可以表示为式（4－6）。

$$F(x,\sigma)=f(x)\times G(x,\sigma) \tag{4-5}$$

$$\frac{\partial^2 F}{\partial x^2}=f\times\frac{\partial^2 G}{\partial x^2} \tag{4-6}$$

$$\frac{\partial^2 G(x,\sigma)}{\partial x^2}=\frac{1}{\sqrt{2\pi}\sigma}\exp\left(\frac{-x^2}{2\sigma^2}\right)\left(\frac{x^2}{\sigma^4}-\frac{1}{\sigma^2}\right) \tag{4-7}$$

若一维信号 $f(x)$ 与 $G''(x,\sigma)$ 卷积，当标准差 σ 连续取值时，标示出每个尺度时过零点的位置[102]，如图 4－6 所示。

一维信号的尺度空间图可以由上图显示。在该图中，纵坐标标示了 σ 的值，其值是不断增大的。横坐标表示了信号在一定频率的抽样时，在不同尺度下的过零点的位置。如图 4－7 所示显示了经过平滑后，信号的幅度图，此时 σ 的值是逐渐增的，其中第一幅图标示出一维原始信号的轮廓；接下来的各图分别标示出一系列高斯平滑后信号的波形图，此时 σ 的值按顺序逐渐增大，纵坐标代表 σ 的值，横坐标代表信号的位置。

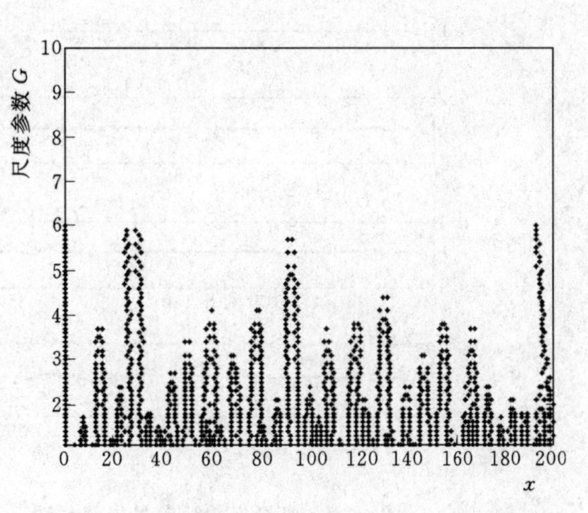

图 4－6　多尺度空间下满足 $F_{XX}=0$ 的点的轮廓

如图 4－7 所示可以看出，信号随 σ 值的逐渐增大，变得越来越平缓。如图 4－8 所示，当 σ 取 5 时，用黑点标示出 $f(x)*G''(x,\sigma)$ 函数值的沿水平方向的过零点位置。尺度的特性可以用所形成的过零点尺度空间来解释。对于不同尺度下的过零点的位置来说，当 σ 取值较大时，其仅表示出原始强度函数的粗略变化。当 σ 取值较小时，其可以表示出原始强度函数的所有变化。

由图 4－6 所示尺度空间的轮廓图可知，随着尺度的增大，在小尺度时出现的轮廓线将会逐渐变为一条平滑的曲线。随着尺度的增大有的轮廓线也会出现逐渐闭合的现象。随着尺度的不断增大，有的过零点会逐渐消失，新的过零点也不会再产生。在大量的文献研究中，已经提出过这个观察结果，大量的实验证明了高斯核函数的重要作用，其用于平滑使用时，信号本身的固有特性能够通过尺度的变化表现出来。以下将对高斯信号进行线性差分算子处理，对结果进行过零点分析。一维信号和高斯核函数的二阶导数相卷积所得到的函数，由于其各抽样值中的过零点与零值会有一定误差，因此对于一维函数，过零点的位置由获得过零点的基本理论可

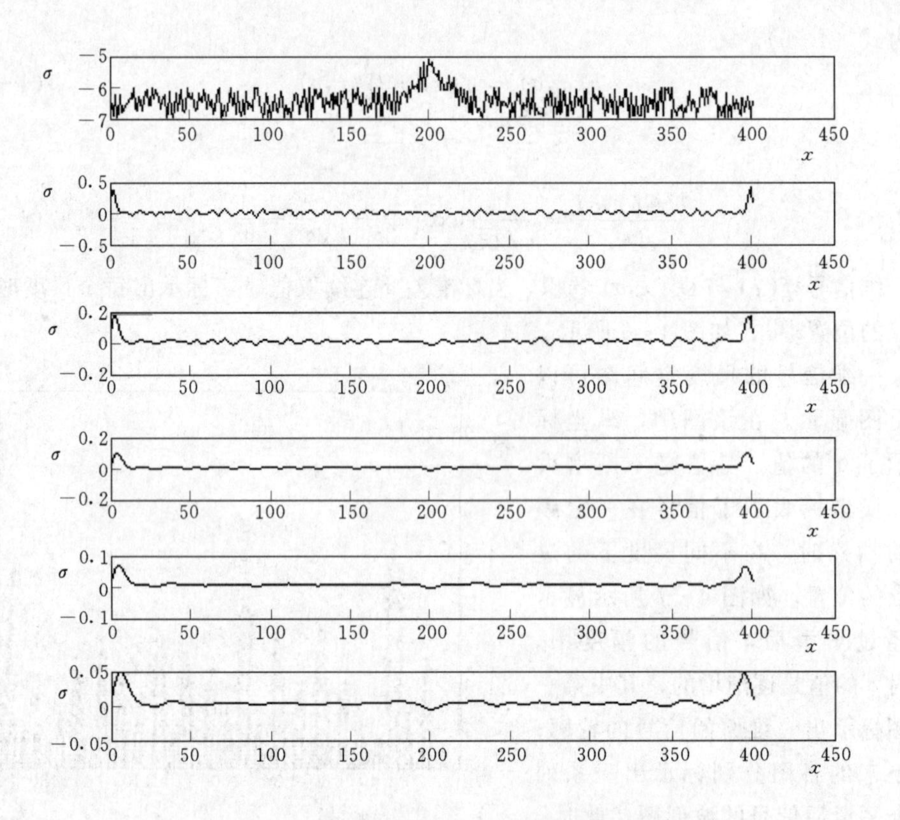

图 4-7　高斯平滑后信号的幅度图（σ 的值按顺序逐渐增大）

知，应满足与其左右相邻的点它们的值正负号不同的原则，且它的取值近似于前后相邻点取值中较小的点。正如图 4-8 所示的过零点位置。

前人已经对尺度理论及其应用做了大量的研究。Witkin[25] 分析了信号与高斯核函数相卷积后，其在当尺度连续取值时获得的此时的零交叉点的边缘的变化情况，后来尺度理论的思想由 Yuille 和 Poggio[105] 等人进行了大量的试验总结后提出。之后，Witkin 通过研究原始信号和其与高斯核函数卷积得到的前几阶导数后了解到，所获得的函数极值点不仅代表了信号的一些固有特性，而且能体现该函数的基本骨架。不同类别信号其本身的性质就能够用这种基本骨架来精确描述，这是一种较好的信号性质描述方法。然而，如何得到信号的这种定性描述还是有难度的，如何将尺度方法引入来讨论生成的极值点是一个需要首要解决的问题。平时在对图像进行感知的认识时，通常需要依靠尺度和范围的剧烈变化找出图像的事件变化。此时，通常先引入尺度参数，也就是选用具有不同大小尺度参数的尺度函数与原始信号相卷积，并获得此时信号的极值点，这样不同层次信号的性质可以通过其所对应的极值点来描述。信号的极值点在尺度参数连续取值时会出现模糊现象，而且新的极值点会随着尺度大小的变化而随时出现，已有的极值点在其他尺度下其位

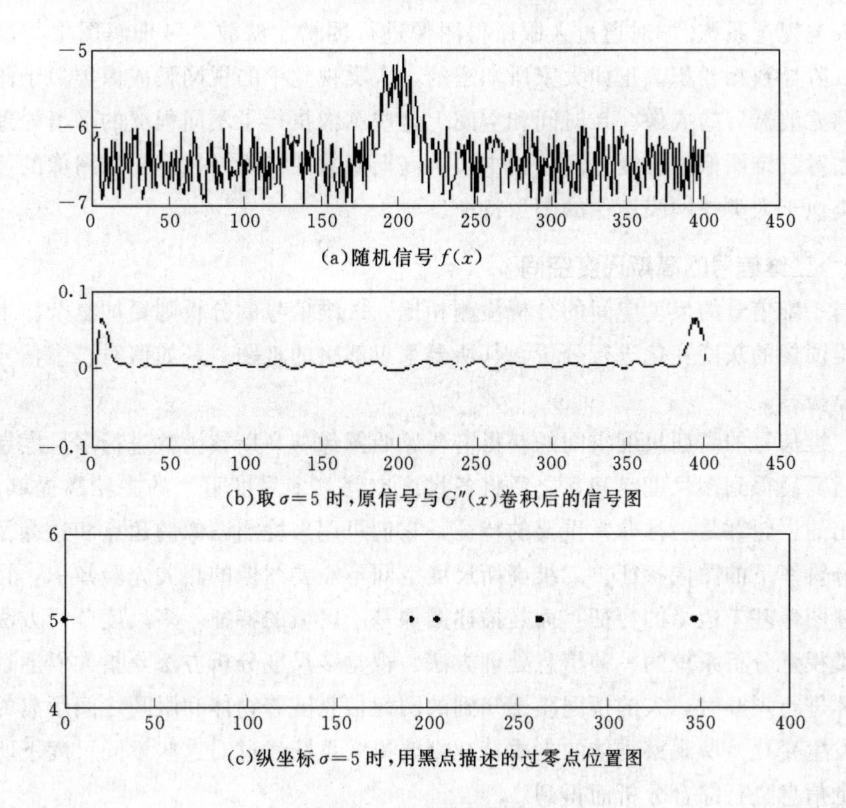

(a)随机信号 $f(x)$

(b)取 $\sigma=5$ 时，原信号与 $G''(x)$ 卷积后的信号图

(c)纵坐标 $\sigma=5$ 时，用黑点描述的过零点位置图

图 4-8　过零点位置

置可能会移动甚至直接消失。极值点的含糊性作为其固有的特性是不可避免的，此特性虽不能被完全消除，但可以受到控制或减小该特性的影响。

尺度空间的过零点与尺度图像具有 1-1 对应关系。众所周知，指纹作为人体的一个重要的生物特征，与个体之间也具有 1-1 对应关系，通常可以通过指纹实现个人身份的确认和辨别。同理，可以通过尺度空间来确认和辨别图像。事实上一维信号和高斯核函数二阶导数 $G''(x,\sigma)$ 卷积后，所得到的由过零点标示出来的尺度空间图可以唯一的确定信号，这点已经经 Yuille 与 Poggio 研究后得以证实。实际上，通过对 $f(x)\times G''(x,\sigma)$ 沿尺度变化所形成的过零点进行分析，可知一维信号可由所获得的尺度空间图重新构成。在随后的特性分析中高斯平滑理论起着举足轻重的作用，将线性差分算子应用于高斯滤波后的信号之后，可用这个基本理论适对其进行过零点分析。在对二维信号的分析中，Yuille 和 Poggio 已将这个结论应用其中。

总之，对一维信号的高斯尺度空间所进行的研究，为之后的图像灰度变化检测奠定了基础。为了能够获得最优的图像灰度变化检测方法，一些理论研究正在不断进行，并对各种检测方法采用了许多评估标准，以此来评估各检测方法的优劣。各检测方法的共同属性就是对图像进行平滑与差分运算。

人类视觉系统[102]对通过人眼所得图像进行的初始滤波，可理解图像与高斯函数的二阶导数相卷积。正如大家所知道的，人类视觉中的视网膜成像类似于图像通过空间滤波器后的成像。在时间和空间上这些图像执行了不同程度的平滑处理。所以，在对二维图像的尺度空间分析中引入高斯函数的二阶导数，二维图像的尺度空间图类似于人类视网膜图像的图像特征。

4.5.2　二维信号的高斯尺度空间

与一维信号的尺度空间的分析检测相比，二维信号的分析则更加复杂。本节要对二维图像的灰度变化进行分析，其所要重点解决的难题就是如何对二维信号进行过零点检测。

二维信号的高斯尺度空间的获得需要原始图像与高斯核函数进行多尺度卷积运算，运算后得到多尺度空间，之后将各尺度空间（多尺度下）的主轮廓提取出来。提取出的主轮廓是一种非常重要的特征，它们可用来检测图像的角点和边缘及提取不同分辨率下的图像特征。二维高斯尺度空间不需要图像的相关先验知识，且其并非描述图像基于边缘的特征，而是描述图像基于区域的特征。多尺度分析方法是基于人类视觉分析系统的一种信息处理方法。视觉多尺度分析方法是指人们通过人眼对物体进行观察时，人的视网膜感知到的图像信息随着物体和眼睛之间距离的变化也将发生变化，所观察物体的本质特征则要视觉系统通过对这些不同尺度下所获得的视觉信息进行综合分析而得到。

一幅二维图像的尺度空间可以被定义为：$L(x,y,\delta)=G(x,y,\delta)*f(x,y)$，其中 $G(x,y,\sigma)$ 为尺度可变的高斯核函数，$G(x,y,\delta)=\frac{1}{2\pi\delta^2}\exp\left(-\frac{x^2+y^2}{2\delta^2}\right)$，$\sigma$ 为尺度坐标，(x,y) 为空间坐标，高斯核函数是实现尺度变换的唯一线性核。$G(x,y,\sigma)$ 可看作是一个脉冲函数，原图像 $f(x,y)$ 与 σ 为零的 $G(x,y,\sigma)$ 相卷积所得到的结果仍为 $f(x,y)$。

二维尺度空间为图像与一系列尺度 σ 取值连续变化的高斯核函数的二阶导数相卷积后，生成的一系列变化的图像。如图 4-9 所示，由于 σ 的变化而引起的二维尺度空间图像的变化。所获得的尺度空间就如同人类的视网膜成像，即图像在视网膜上的成像会随图像与眼球距离的变化而发生变化，随着图像与视网膜距离的增大，会得到越来越不清晰的二维尺度空间图像。

对于多尺度下的灰度值变化仍是一个复杂的问题，目前还没有一种满意的结果。而灰度值的变化在多尺度方法应用时具有较大的影响，因此，伴随着尺度的变化，怎样才能够检测出灰度是如何变化的这一问题仍然是一个需要迫切解决的课题。例如，在 σ 较小的情况时，图像的噪声点可能会作为灰度变化的点而被检测到；而在 σ 较大的情况下，随着平滑次数的增多，图像被平滑的程度越来越大，原

图 4-9 图像在 σ 分别取值为 1，2，3，4，5，6 时的平滑效果图

图像中的一些像素点会逐渐消失同时一些虚假的点会出现。因此怎样才能够将随 σ 变化而出现的有用的变化点提取出来，并进而使用它们进行重新构成仍是一个不易解决的问题。其解决方法将在下一章提及。

4.5.3 基于高斯尺度的过零点边缘检测

边缘检测算法主要依靠物体的边缘在图像信息处理中的光强突变，即物体与临近区域之间灰度级的明显变化，大的灰度值变化可以在微积分上对应较大的一阶导数，因此梯度算子成为最先出现的边界检测算子[104]。梯度算子的特点是运算以及实现起来都相对简便，但是邻域内会产生一定的响应，因此需要对结果进行进一步细化，这既影响了边界的定位精度，又影响了边界的质量。为产生具有单像素宽度的边界，众多学者从求出最大导数发展到研究二阶导数，因此产生了零交叉检测方法[103]。

零交叉方法的核心是对二阶导数进行过零点检测，即一阶导数的峰值部分就对应于二阶导数的过零点。零交叉方法和梯度方法检测边界的理论基础依据相似，但是二阶导数的过零点只有一个，用零交叉方法检测到的是单像素宽度的边界，避免了梯度算法所必须的细化处理，所以边界的定位精度相对会高一些[103]。本章在针对二维尺度空间过零点进行分析时，过零点的位置通过拉普拉斯算子与过零点检测处理得到。下面将介绍此方法。

1. 拉普拉斯算子特性

拉普拉斯（Laplacian）算子是一种常用的边缘检测方法，它通常用于已知边缘像素后确定该像素是在图像的暗区或明区一边。考虑到采用图像二阶导数的零交叉点检测边缘的方法受噪声影响很大，需去除噪声后再进行边缘检测。对此本书在进行边缘检测时，采用拉普拉斯高斯算法[106]，即 Laplacian 算子和高斯滤波算法相结合的 LoG（Laplacian of Gassian）算法。

$\nabla^2 f=\dfrac{\partial^2 f}{\partial x^2}+\dfrac{\partial^2 f}{\partial y^2}$ 给出了高斯函数 $G(x,y)$ 在尺度连续变化时的拉普拉斯变换。由于存在下列原因，一般 Laplacian 算子不以其原始形式来进行边缘检测是：Laplacian 算子作为一个二阶导数，对于噪声很敏感；在进行复杂的图像分割处理时，Laplacian 算子的幅值会产生我们所不希望看到的双边缘；且不能检测出边缘方向。在边缘检测中通常利用 Laplacian 算子的零交叉性质进行边缘定位。

拉普拉斯算子与平滑过程将零交叉点看作找到边缘的前兆。可用一副图像的高斯核函数，与该图像卷积来模糊该图像，由 σ 值来决定图像的模糊程度。在 LoG 算法中，高斯滤波起到了平滑去噪的作用，Laplacian 算子起到了边缘定位的作用。原图像的噪声经平滑处理后得以减小，而抵消 Laplacian 算子所产生的噪声影响才是平滑处理的主要作用。LoG 算法结果是为寻找边缘计算零交叉的一副图像。一种对零交叉点进行近似的直接方法是通过设置 LoG 图像的所有正值区域为白色，负值区域为黑色来阈值化。这种方法隐含的逻辑是零交叉在拉普拉斯算子的正值和负值之间发生。最后零交叉点是通过扫描经阈值处理后的图像并标记白色区域和黑色区域之间的过渡点得到的。

由于零交叉方法在抑制噪声和反干扰上具有潜在的能力而引人注目。然而，前述方法的局限性使其在实际应用中遇到相当大的阻碍。因此，与零交叉点方法相比，基于不同的梯度计算方法的边缘查找技术在分割算法中仍频繁使用。

通常需要检测 LoG 算法处理后的二阶梯度图像的过零点。在二阶梯度图像中，像素的梯度值包括正、负和零 3 种情况。梯度值符号发生变化的位置所对应的像素就是边缘像素，此位置也就是零交叉点存在的位置。此时，闭合的或者连通的图像边缘轮廓可以通过连接梯度为零的像素点来得到。因此如何能够得到二维梯度图像的过零点是一个必须要解决的问题。

2. 过零点边缘检测算法

综上所述，本章中提出的边缘检测算法采用 LoG 算法，边缘位置通过连接零交叉点的位置而得到。LoG 算法中使用了高斯核函数来平滑图像，并使用了拉普拉斯算子来提供一幅用零交叉确定边缘位置的图像。下面通过公式详细介绍这一边缘检测算法[100]。

(1) 滤波：式（4－8）表示了二维高斯函数 $G(x,y,\sigma)$，其中 σ 是标准方差。高斯卷积核是唯一的线性尺度核，高斯核函数与二维图像的卷积可用式（4－9）来表示。其中，高斯卷积核等同于一个低通滤波器。该步处理平滑了图像，滤除掉了孤立的噪声点，降低了噪声。

$$G(x,y,\delta)=\frac{1}{2\pi\delta^2}\exp\left(-\frac{x^2+y^2}{2\delta^2}\right) \tag{4-8}$$

$$L(x,y,\delta)=G(x,y,\delta)\times f(x,y) \tag{4-9}$$

(2) 增强：如式（4-10）所示，对平滑后的图像执行 LoG 算子，根据卷积理论，用式（4-11）表示式（4-7），即二维图像的尺度空间可表示为式（4-11）。

$$h(x,y)=\nabla^2[G(x,y,\delta)\times f(x,y)] \tag{4-10}$$

$$h(x,y)=[\nabla^2 G(x,y,\delta)]\times f(x,y) \tag{4-11}$$

∇^2 是拉普拉斯算子，$\nabla^2=\frac{\partial^2}{\partial x^2}+\frac{\partial^2}{\partial y^2}$。

(3) 图像的过零点边缘检测：书中为了获得图像边缘，需要确定图像二阶导数过零点的位置[100]。某像素点是否为边缘点无法根据该点是否为零来判断，这是因为处理后的二阶导数图像像素点 $h(x,y)$ 中不存在绝对为零的值。在处理一维信号时，是否为过零点只能根据函数过零点的条件即 $\begin{cases}f(x)<0,x<x_0\\f(x)>0,x>x_0\end{cases}$ 或者 $\begin{cases}f(x)>0,x<x_0\\f(x)<0,x>x_0\end{cases}$ 来判断。根据像素点 x_0 左右邻近值满足 $f(x_1)*f(x_2)<0$ 条件，来判断必存在一点 $x_1<x_0<x_2$，且 $f(x_0)=0$。该理论分析结果被推广到二维图像上，一定是沿坐标空间 x 和 y 方向去找像素的过零点。依据 Zero-Crossing 理论，取两个相邻点的抽样值保证其符号不同，并且比较两者的大小谁与零接近，则图像的边缘点即过零点可取该点的位置，因此需要从水平和竖直方向来考虑图像像素的过零点。可以利用式（4-12）和式（4-13）来描述这种方法[100]，连接经过该方法得到的过零点位置成线而获得图像的边缘。此时，提取图像边缘也是通过近似提取图像过零点而实现的。而随图像像素点个数的增多，可忽略不计单像素宽度内统计值存在的误差。

$$\begin{cases}h(x,y)\times h(x+1,y)<0\\|h(x,y)|<|h(x+1,y)|\end{cases} \tag{4-12}$$

$$\begin{cases}h(x,y)\times h(x,y+1)<0\\|h(x,y)|<|h(x,y+1)|\end{cases} \tag{4-13}$$

如图 4-10 所示为采用基于高斯尺度的过零点边缘检测方法检测 lena 图像的边缘，如图 4-10（b）、(c)、(d）所示分别为尺度 σ 取值为 1、2、3 时的图像的过零点位置。

可以发现，取较小的尺度时，图像中的高频信号和噪声信号会被误认为是图像信息而检测出来，但是此时获得的图像的边缘包含丰富的细节信息。取较大的尺度时，噪声和一些较小的结构特征经过高斯函数和拉普拉斯算子处理后，会得到平滑，因此处理后可得到比较准确稳定的边缘定位效果。

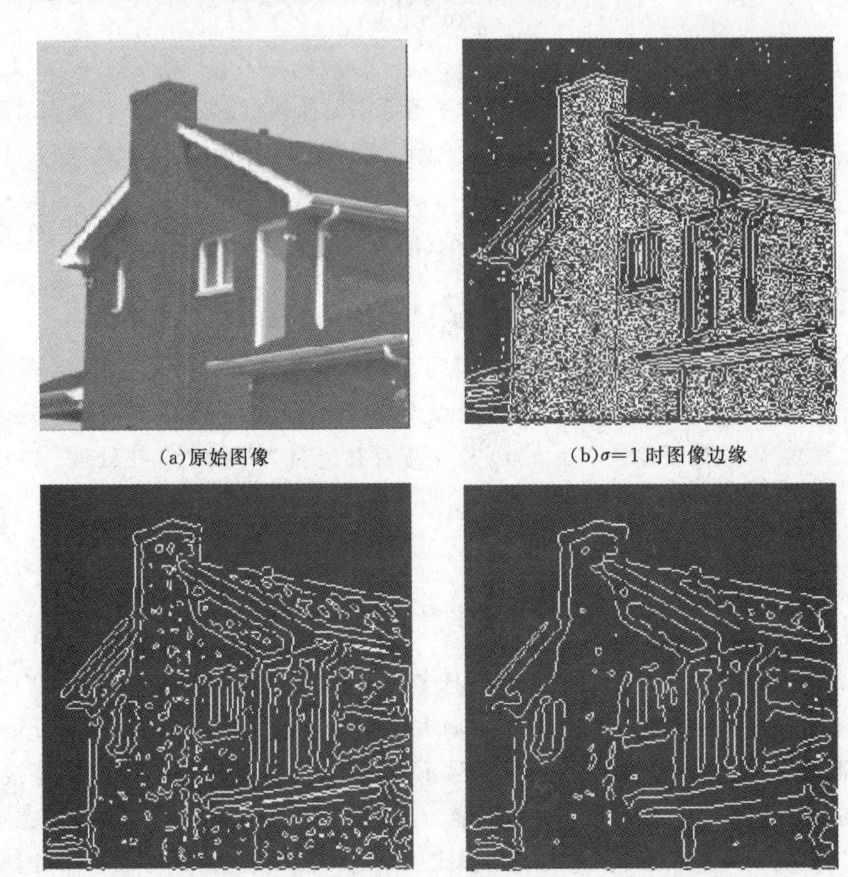

(a)原始图像　(b)σ=1 时图像边缘

(c)σ=2 时图像边缘　(d)σ=3 时图像边缘

图 4-10　过零点位置

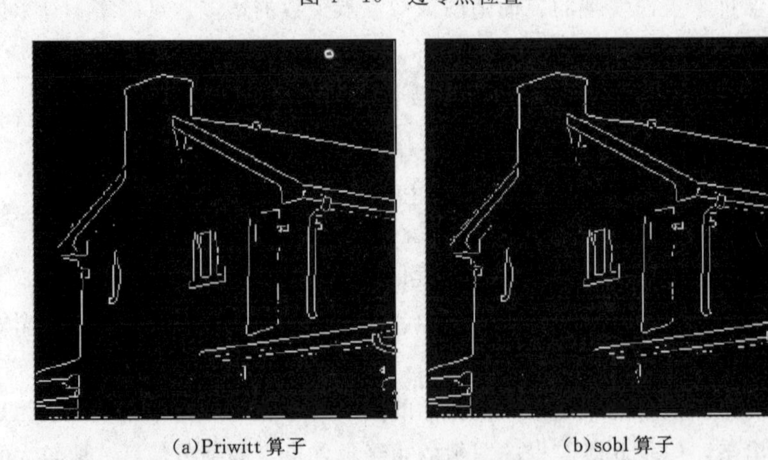

(a)Priwitt 算子　(b)sobl 算子

图 4-11　传统的边缘检测效果图

将 Lena 图像采用传统 Priwitt 算子和 Sobel 算子进行边缘检测的结果如图 4-11 所示与采样本书中基于高斯尺度的过零点边缘检测方法的结果如图 4-10 所示进行对比，可知本书基于高斯尺度的过零点边缘检测方法能对图像的边缘位置进行精确定位，同时表现了图像的多尺度特性。而采用 Priwitt 算子和 Sobel 算子检测到的边缘，常常会受到噪声的干扰出现检测出的边缘不连续和一些边缘点未被标出的现象。

4.6 本章小结

本章借助于奇点理论，研究了典型的高斯尺度空间模型的局部分岔现象。通过引入一个特殊的等价关系，给出了 5 种二维高斯尺度空间模型的标准形式，这种等价关系可以很好地保留等价尺度空间模型的特征点掩护现象。因此，基于这些标准形式，进一步探索了临界点模型的演变性能。本书证明了极值点和鞍点的生成和融合现象。实验结果显示极值点和鞍点的分岔不影响高斯尺度空间的深层结构的分析。在本书中，这个结论以严格、简明的方式验证了目前诸多仿真实验中的结果。此外，本章通过研究图像的二维高斯尺度空间，得出图像的边缘可以用二维尺度空间的过零点位置来表示，可用这些过零点即特征点重新构成图像。通过实验研究，本章提出一种将 LoG 算法和过零点检测方法相融合的基于高斯尺度的过零点边缘检测方法，实验结果表明该方法能够定位多尺度空间下的图像边缘。在下一章中针对医学图像提出了一种边缘检测的有效方法，在使用本章提出的边缘检测方法检测图像边缘之前，要对图像进行初步平滑和增强等图像预处理算法，之后将详细叙述其具体内容。

第5章　基于多尺度理论的图像特征研究及应用

5.1　引言

在计算机视觉和模式识别领域，图像匹配是一个重要的问题[3]。它主要是在计算机视觉处理过程中，在不同时间、不同成像条件下、将不同传感器对同一物体获取的两幅或是多幅图像在空间上校对。在图像处理领域中，特征匹配主要针对一阶导数局部最大值对应的像素点、二阶导数为0的点、梯度方向与其值变化速率最大的点、边缘交叉点和边缘变化不连续的方向导数最大值等。在图像特征提取与匹配领域中，如何提取稳定的特征，提高匹配的准确度是一个关键的问题。

在对高斯尺度空间理论[8]的研究过程中，发现基于高斯尺度空间理论的关键点是图像的一个重要的局部特征，它具有大量的图像信息，为图像进一步处理奠定了基础。图像中的关键点一般是指在灰度图像中灰度变化剧烈的位置以及其邻近点有着明显差异的像素点。它蕴含了图像关键区域的形状信息，能够体现出图像的特征，所以在目标识别、特征匹配以及重构方面具有重要的意义。它不仅能较好的作为一种图像的特征点来进行图像匹配，同样可以将其扩展应用到图像的边缘检测领域[102]。

在本章中，首先针对基于高斯尺度空间模型的关键点提出了一种图像匹配的方法，并对相关图像匹配结果进行了分析。然后将提取关键点的方法扩展应用到图像的边缘检测中，根据其边缘检测的效果融合了模糊增强和非线性热传导平滑算法对图像进行预处理，可以获得较好的边缘检测效果。

5.2　基于高斯尺度空间模型分岔点的图像匹配方法

5.2.1　高斯尺度空间模型分岔点

在实际应用中，一个控制参数是研究模型中的重要组成部分。获得图像的尺度空间的表达式就是遵循这个规律的一个例子，作为控制参数的尺度大小能决定尺度空间的形成。从数学角度讲，当尺度变化时，研究关键点如何变化的理论称为突变理论。由 1960 年汤姆的研究成果中提出该理论。在本章中，将对二维图像的尺度空间进行突变理论的研究。

Koenderink[23] 最早提出，在图像的尺度空间分析中引入 Thom[107] 的分类理论。尺度参数是尺度空间分析中唯一的控制参数。受到来自于各向同性扩散方程的限制，随着尺度空间中尺度的变化，关键点也受到了限制。Florack[9] 和 Kuijper[16] 大量的研究，详细地阐述了关键点在尺度空间中的演化特征。

如果满足 $\nabla u = 0$ 的点就是关键点，它出现在梯度具有下降趋势的一些固定尺度上。莫尔斯关键点（或被称为莫尔斯极值点）为在 Hessian 矩阵的非 0 特征值上出现的关键点。此外，还有一些能使 Hessian 矩阵的特征值为零的关键点。这些特征点可以作为图像的主要特征，为图像的匹配提供了很好的依据。大量实验证明，这些特征点的描述算子可以用作图像的重构和匹配[99]。

Hessian 矩阵表示如下：

$$H(f)(x,y) = \begin{bmatrix} \dfrac{\partial^2 f}{\partial x^2} & \dfrac{\partial^2 f}{\partial x \partial y} \\ \dfrac{\partial^2 f}{\partial y \partial x} & \dfrac{\partial^2 f}{\partial y^2} \end{bmatrix}$$

尺度空间中的突变理论如图 5-1 所示。

图 5-1 中曲线 A 所示，随着尺度的增加，莫尔斯关键点会逐渐消失，曲线 C 表示一个莫尔斯关键点逐渐生成的过程。

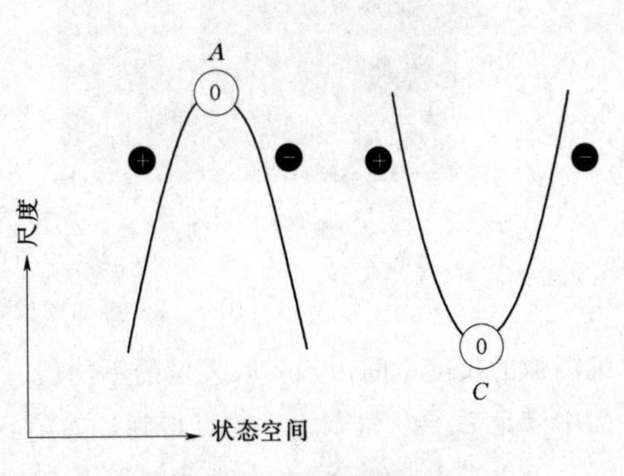

图 5-1　关键点满足条件

当尺度非常小时，过零交叉点数目增多。因为此时，图像的细节信息保持的较好。并且随着尺度的增加，图像被平滑的程度也大大增加，甚至一些较小的波峰也被平滑了，这样就导致了过零点数目的减少。这些过零点即为极值点，它可以用来作为图像特征点对图像进行重构或是匹配[99]。本章将重点研究如何得到上述关键点，满足 Hessian 矩阵特征点为零的点。

寻找一阶导数的过零点的位置即零梯度点的位置，是一种寻找图像中关键点的方法。针对一个二维图像，该方法即是通过寻找这样一种交叉点（同时满足 $L_x = 0$ 和 $L_y = 0$）。如图 5-2 所示利用实验图的方法，在视觉上显示寻找关键点。

当 σ 为 1 时，图像的 $L_x=0$，$L_y=0$；同时满足 $L_x=0$、$L_y=0$ 的点分别为如图 5-2 (d) 所示。二维图像基于尺度空间的所有关键路径可用这种方法来得到。二

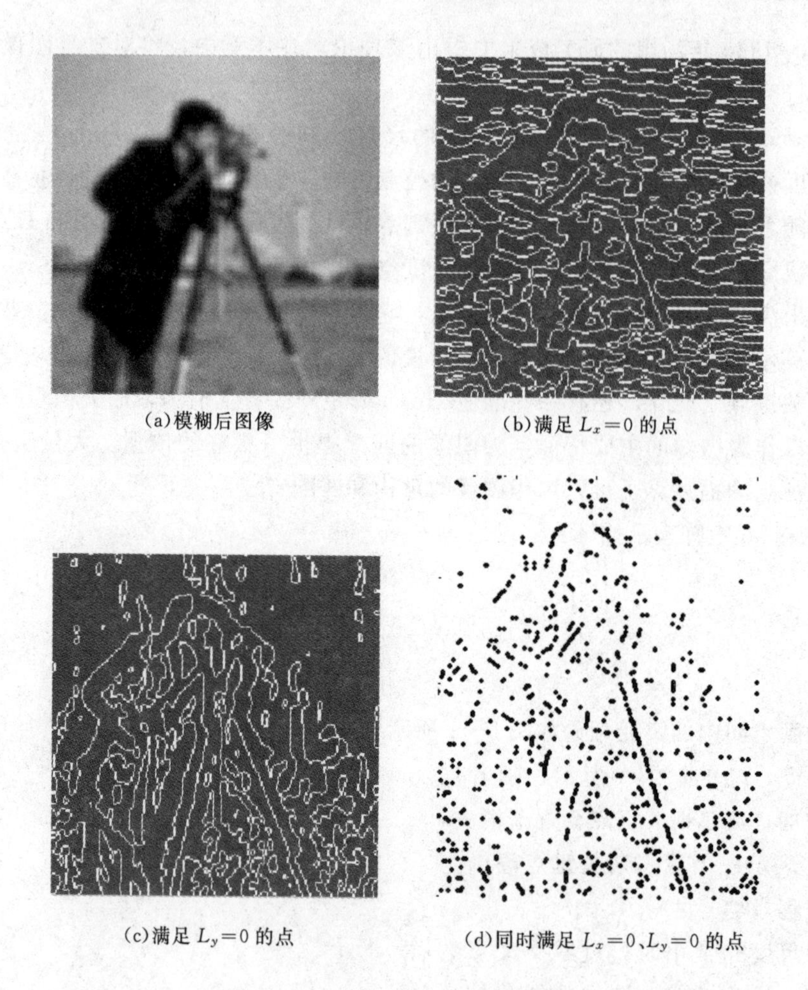

(a)模糊后图像　　(b)满足 $L_x=0$ 的点

(c)满足 $L_y=0$ 的点　　(d)同时满足 $L_x=0$、$L_y=0$ 的点

图 5-2　寻找图像中关键点的方法

维图像的尺度空间由当 σ 取大量的不同值时构成，此时关键路径通过连接不同水平面中满足 $L_x=0$ 和 $L_y=0$ 的点得到，如图 5-3（a）所示。

可以看出曲线分为马鞍形和线形。然后，关键曲线上的极值点（关键点）由满足 $\det H=0$ 的水平面上的点与上图的关键路径相交而得到。如图 5-3（b）所示极值点图，其中 H 是 Hessian 矩阵。综上所述，式（5-1）表示了关键点需要满足的条件。

$$\begin{cases} L_x = 0 \\ L_y = 0 \\ L_{xx}L_{yy} - L_{xy}^2 = 0 \end{cases}$$

$$\det H = 0 \quad \text{即} \quad L_{xx}L_{yy} - L_{xy}^2 = 0 \tag{5-1}$$

对于一维信号，使用扩散方程过零点不会随着尺度的增大产生新的零点，此过

$L_x=0$ 和 $L_y=0$

(a)关键路径

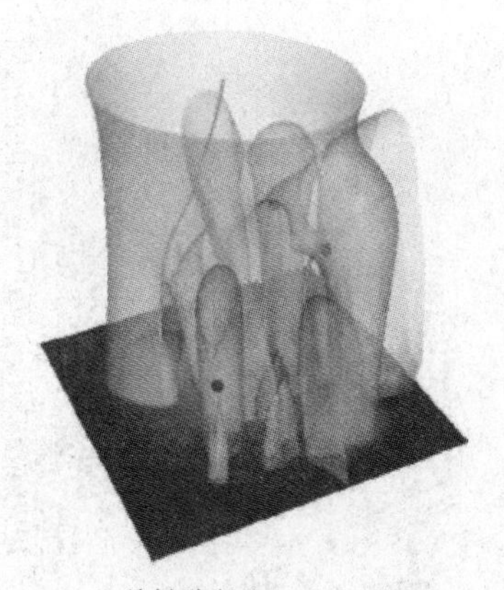

关键路径和 and $\det H=0$

(b)关键路径和极值点

图 5-3 关键路径

程一维信号中的极大值和极小值会逐渐消失。对于二维信号而言，随着尺度的变化关键点会随着移动，旧的关键点会逐渐消失，然后逐渐出现新的关键点，从而形成了基于尺度空间的关键点的路径。在本章中，主要研究了普通的二维图像，但是若推广到多维空间中这个理论也同样适用。首先对图像进行平滑预处理（如图 5-4 所示）。

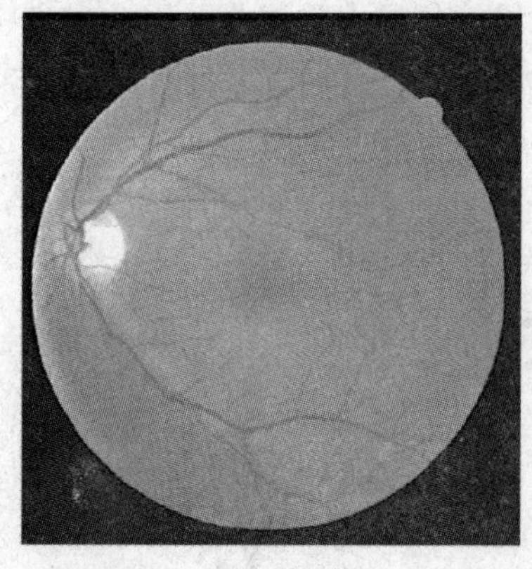

(a)原图像

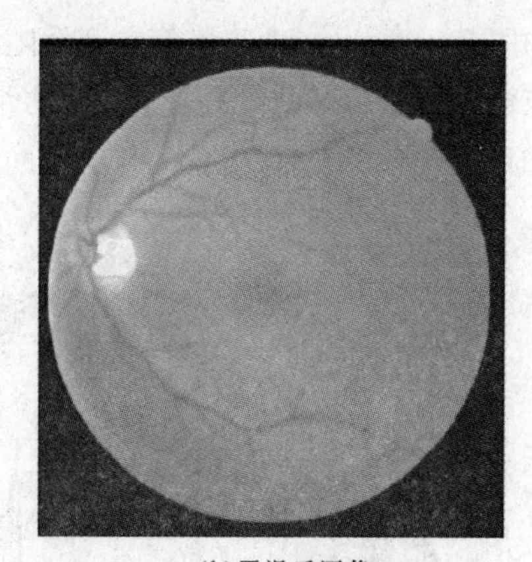

(b)平滑后图像

图 5-4 预处理的图像

对于二维图像，新出现的莫尔斯点或一些已有的莫尔斯点当其尺度空间的某些鞍点和极值点重合时会消失。因此在二维图像中，关键点形成的路径不仅包含鞍点的分支还包含极值的分支，它们分别描述了随尺度变化时极值点位置的变化和随着极值点的消失而出现的鞍点的位置变化，如图 5-5 所示[99]。

图 5-5 是关键路径图，它是对图 5-4 寻找关键路径时得到的关键点来描述

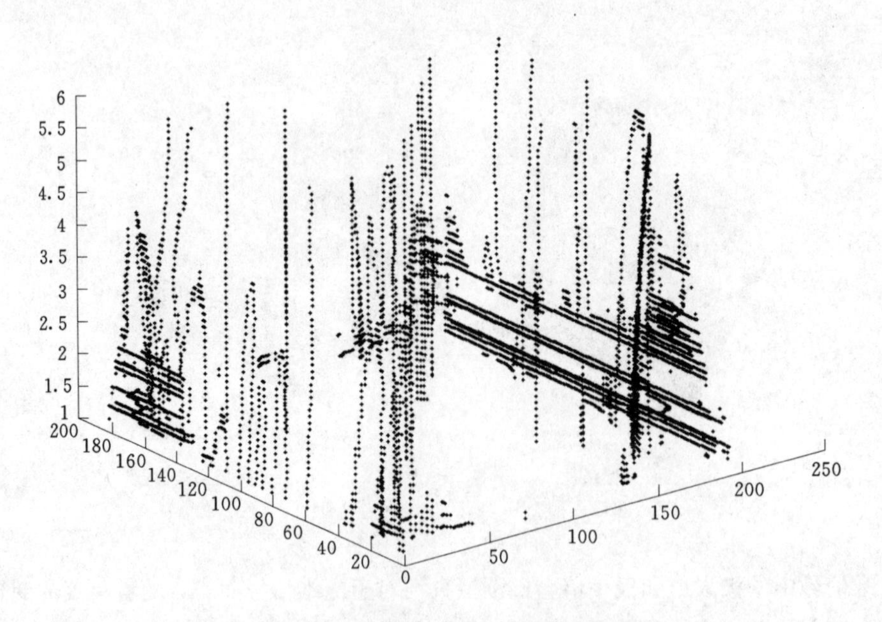

图 5-5　图 5-4 的关键路径图

的。需要注意的是，此时会出现一条伴随着尺度的增大而无限延伸的极值点路径。如图 5-6 所示，用黑色的点把关键路径描述出来。

如图 5-6 所示，由于极值点不会随着尺度的增大而增多，因此提出将此时的极值点提取出来而可以作为原始信号的结构特征点。所以进行图像重构[108,109]和匹配[110]时，可以采用当做图像的特征点的关键点来进行。

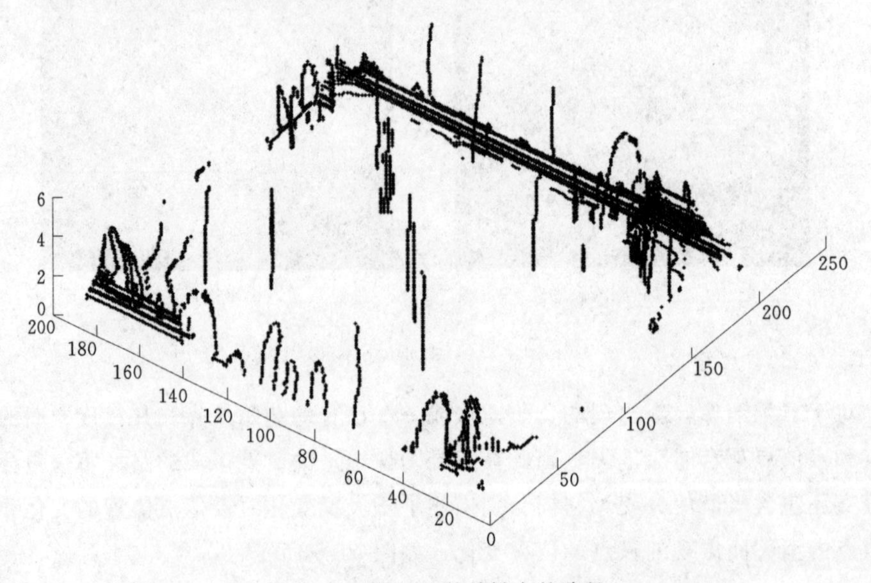

图 5-6　图 5-4 的关键点的路径

如图 5-7 所示，关键点路径中的极值点用红色的点标示出来，进行图像重构和匹配时通常采用这些被当做图像的特征点的关键点来进行。图 5-4 的红色极值点和关键点的路径如图 5-8 所示。

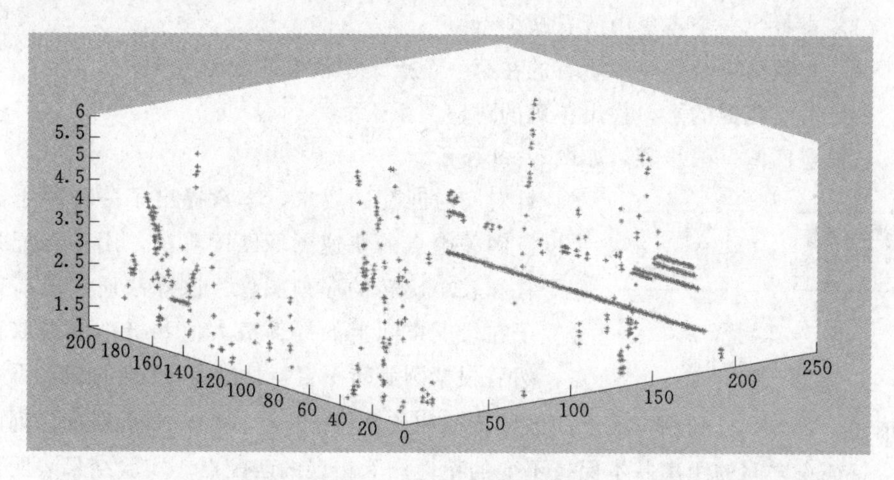

图 5-7　图 5-4 的极值点

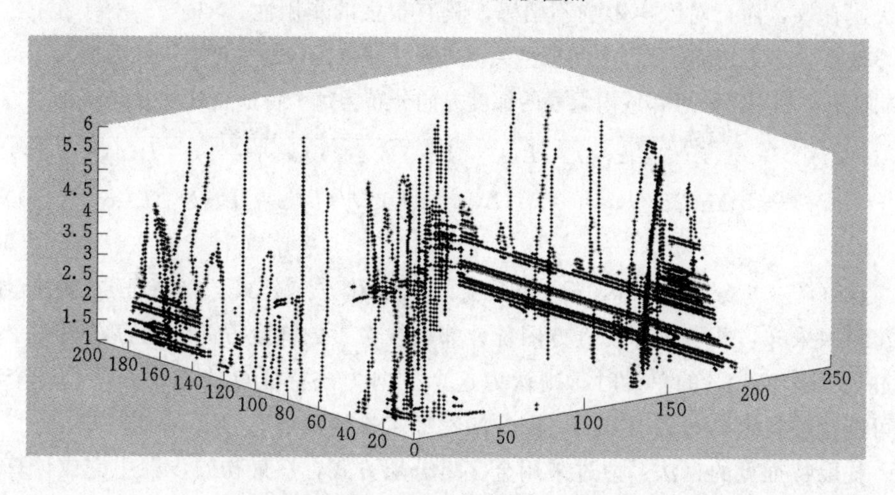

图 5-8　图 5-4 的极值点和关键路径图

5.2.2　基于分岔点的图像匹配算法

在图像特征提取与匹配领域中，如何提取稳定的特征，提高匹配的准确度是一个关键的问题。基于尺度空间关键点图像匹配的主要思想：首先，利用尺度变换在尺度空间中寻找极值点。其次提取特征点的位置与方向。第三，形成特征描述子。最后进行特征匹配[94,111]。

平面上点匹配的一般问题为仿射变换下两个点集是否匹配提供了依据。设第一个点集为模型点，有 n 个。第二个点集为图像点，有 m 个。并设第二个点集是由第一个点集通过某个仿射变换得到的，但由于噪声的作用，点的相对位置有微小的改变。并且第一个点集中可能有部分点（称为缺少点）没有映射到第二个点集，第二个点集中可能随机出现新的点（称为伪点），点特征匹配主要有以下问题：

（1）查找第一个点集中所有缺少点。

（2）查找第二个点集中所有的在第一个点集中没有匹配的点。

（3）对有匹配的点，找出正确的对应关系。

特征点匹配一般步骤，如图 5-9 所示。

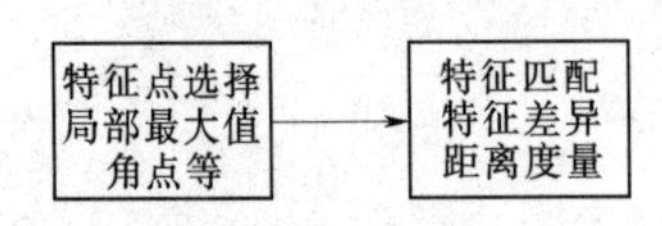

图 5-9　特征点匹配的一般步骤

针对实时匹配的要求，本章提出了一种基于高斯尺度空间关键点的快速图像匹配算法，用于匹配只存在平移和较小旋转的序列图像。该算法通过求高斯差分算子在尺度空间上的局部极大值和极小值提取特征点，然后根据圆旋转不变特性生成 20 维的旋转不变特征描述子，并充分利用特征点的区域特征和灰度特征进行匹配，最后根据序列图像对应特征点之间的距离基本保持不变的特性剔除错误的匹配点。实验结果表明该算法快速有效，而且对噪声影响不敏感，具有很强的实用性。

该算法首先由高斯尺度空间模型关键点算法获得图像的关键点，然后加入了特征点匹配算法，利用特征点邻域内像素的梯度方向分布为每个特征点分配方向参数：

$$m(x,y)=\sqrt{(L(x+1,y)-L(x-1,y))^2+(L(x,y+1)-L(x,y-1))^2}$$
$$\theta(x,y)=a\tan(2L(x,y+1)-L(x,y-1))/(L(x+1,y)-L(x-1,y)) \tag{5-2}$$

式（5-2）分别为（x，y）处梯度的模值和方向公式，以特征点为中心的邻域窗口内采样，并利用梯度直方图统计邻域内像素的梯度方向。当存在另一个概率超过最大概率 80%的单元时，则认为这个方向为该特征点的辅助方向，一个特征点可能会被指定具有多个方向。图像的特征点检测完毕。

提取特征点的算法：通过采用金字塔分层方式，在最初的步骤中完成计算量相对大的工作，从而使后续步骤的计算量最小化，并且降低总的计算量。该算法可以提取图像中大量的特征点，并且这些特征点在图像中均匀分布。这些点的数量对计算机识别非常重要。例如，在一个模糊的背景下识别一个小的物体时，至少需要 3 个特征点才能被正确的匹配，因此它在物体识别方面起到很大的作用。

5.2.3　实验结果分析

本章所提出的基于尺度空间关键点的图像匹配方法具体的实现步骤包括：首先计算待配准图像的尺度空间并在尺度空间求取关键点。然后对尺度空间的关键点进行迭代处理。最后对特征点使用描述子和匹配方法进行匹配，通过匹配实现配准。

最后这一步，首先选取如图 5 - 10 (a) 所示中的某个特征点，然后找出其与如图 5 - 11 (b)所示中特征点欧氏距离次近与最近的比值，如果这个值小于某个固定的比例阈值，则该点匹配成功。当降低比例阈值时，匹配点的数量会减少，但性能更加稳定。该方法通过使用尺度空间具有的尺度变换不变性，使本方法能够在具有尺度变换的图像中找到匹配点进行配准。

图 5 - 10 图关键点

图 5 - 11 图关键点

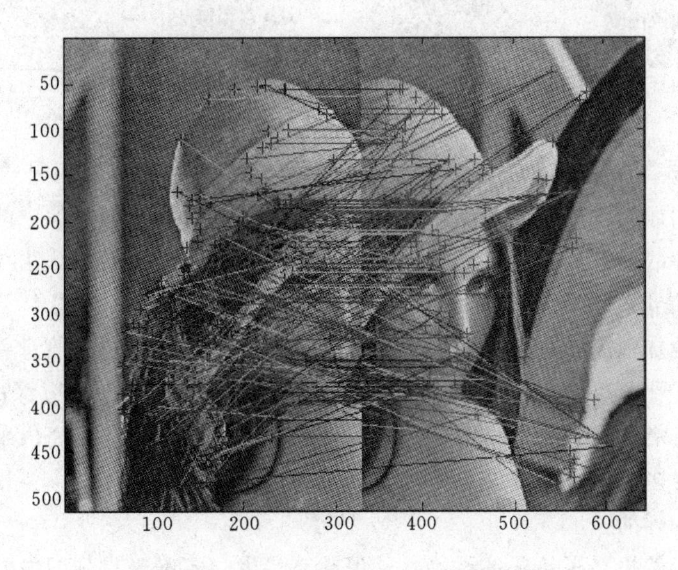

图 5 - 12 图 5 - 10 和图 5 - 11 的匹配结果

本章将利用高斯尺度空间模型关键点算法提取的特征用于图像匹配，并对匹配结果进行了实验验证，如图 5－10～图 5－12 所示。

图 5－10 中检测出图 Lena1 的图像的关键点，即为高斯尺度空间中的关键点。图 5－11 检测出图 Lena2 的图像的关键点。图 5－12 标示出了 Lena1 和 Lena2 的匹配结果。

5.3　基于多尺度空间理论的边缘检测算法探究

5.3.1　基于模糊增强算法的单一尺度过零点边缘检测

传统边缘提取算法利用到了图像的灰度级性质，其局部梯度运算在图像边缘存在着一定的规律。根据滤波算子的不同可将边缘提取方法分为：Sobel 算子、Robert 算子、Prewitt 算子等。通过对处理后的图像进行研究对比发现：Robert 算子对具有陡峭的低噪声图像响应最好，Sobel 和 Prewitt 算子具有各向异性，因此得到的图像并不是完全连通的。提取边缘的目的在于利用物体的轮廓特征描述图像特征。本节中主要利用单一尺度对图像进行边缘检测，此时提取出的细节信息多、抗噪声差。针对这些缺点，本章提出一种基于改进的模糊增强算法的单一尺度的边缘检测方法，如图 5－13 所示。

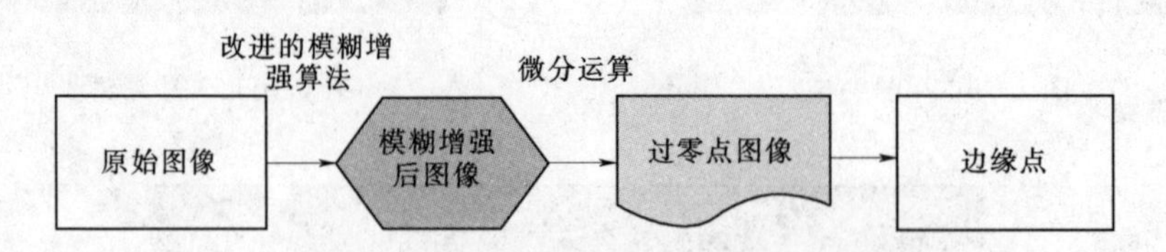

图 5－13　边缘检测过程图

高斯函数其实是一个低通滤波器，它可以滤除高频噪声，但是也滤除了有用高频信息，因而出现线状边缘的不连续现象。因此，为了增强图像中的高频细节特征、增强边界的连续性，很多图像处理技术采用了图像模糊增强算法［由国外学者 Pal 和 King 提出的一种模糊算法（简称 PalKing 算法）[112]］对图像干预。图像增强可以有效地加强图像中的某些信息，减弱或去除一些不需要的信息。图像增强的应用很广泛，比如图像边缘检测[113,114]等。模糊增强[115]使图像边缘的不确定性，即模糊性变得更确切，因此该方法能够有效地把物体从图像中分离出来。

但是，与多尺度边缘检测[23]（如图 5－14 所示）方法相比，本书所采用的方法是与其不一样的。

该方法虽然提高了算法的抗噪性，但计算量大，不利于得到图像的边界。所以本章提出了一种有效新颖的边缘检测方法[98]。实验证明：在高斯函数中 $\sigma=1$ 时，

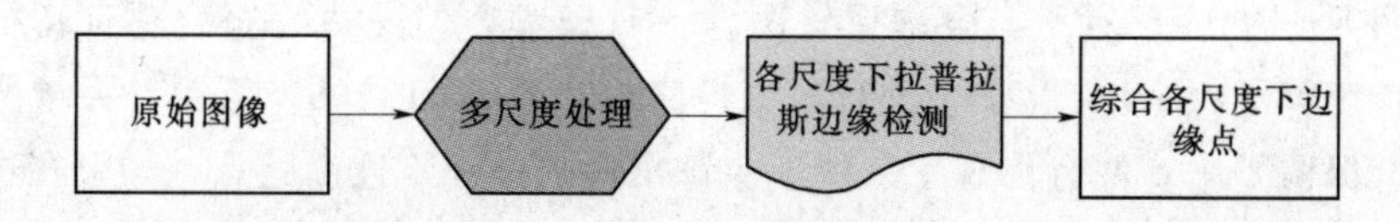

图 5-14 多尺度边缘检测过程

该方法能较好地提取图像的边缘，并且不会过度依赖高斯公式中的尺度。该方法与 Prewitt 边缘提取算子相比，它提取的边缘更清晰，更准确，并且没有出现不连续的边缘，以及抗噪性也有所提高。

下一步，详细地介绍一下本章所采用的改进的模糊增强算法[115]。传统的模糊增强算法是有 Pal 和 King 提出来的，但是这种方法在构建隶属函数的时候存在着严重的缺陷：隶属度函数的取值范围是（0，1]，一般 0 值与接近 0 值的范围映射不到，这样一来就会产生图像信息丢失，以至于损失了图像的细节信息。因此本章采用了一种改进的模糊增强算法：

设一幅 $M*N$ 灰度图像 $f(x,y)$，灰度级为 L，则其模糊矩阵可表示为：

$$P(x,y)=\underset{i=1}{\overset{M}{G}}\ \underset{j=1}{\overset{N}{G}} L_{x,y}/f_{(x,y)}\quad i=1,2,\cdots,M;j=1,2,\cdots,N \tag{5-3}$$

式中：$P_{(x,y)}$ 为灰度图像 $f(x,y)$ 经过模糊处理后的像素值；$L_{x,y}$ 为像素点 (x,y) 的隶属度函数。

定义改进型的隶属度函数如下：

$$L_{x,y}=\begin{cases} f_{(x,y)}/L \\ \left(I+\dfrac{(f_{\max}-f_{(x,y)})}{F_e}\right)^{-I} \end{cases} \tag{5-4}$$

式中：F_e 为指数型模糊参数（$F_e=2$）；I 为倒数型模糊参数；L 为最大灰度级；$f_{\max}$为 $f_{(x,y)}$ 的最大值。

从式（5-4）可以看出：当 $f_{x,y}$ 从 $0-f_{\max}$变化时，$P_{x,y}$ 的取值范围是 [0，1]，这样就弥补了传统隶属度函数的取值不足的缺陷。

然后利用传统的模糊增强算子 NT [如式（5-5)]，对图像进行模糊增强，最后利用反变换得到模糊增强后图像。

$$L_{x,y}=NT(L_{x,y})=\begin{cases} 2,0<L_{x,y}<0.5 \\ 1-2(1-L_{x,y})^2,0.5<L_{x,y}<1 \end{cases} \tag{5-5}$$

利用改进的图像增强算法对图像预处理，然后在进行图像边缘提取。这种算法与传统的经典的边缘提取的方法相比，具有明显的优势，因为它可以使图像的轮廓线变得更陡峭，以至于使图像边缘变得更加清晰[116]。为了提取连续的、清晰的图像边缘，首先需要进行模糊增强[117,118]，增强图像的高频信息，才能清晰的提取连续的图像边缘。

如图 5－15（a）所示，眼部血管图像比较模糊，但是边缘符合视觉特征。假设采用传统算子（Sobel 算子）进行边缘检测，如图 5－13（b）所示，大量的血管边缘没有保留下来，并且出现了一些不应该出现的——不连续的点。如果在进行边缘检测之前，对图像进行预处理（模糊增强），由于模糊增强算法具有增加边缘与区域对比度的功效，大量的边缘被保留下来了，然后再使用 Sobel 算子进行边缘检测，如图 5－13（d）所示。此方法能取得较好的效果。

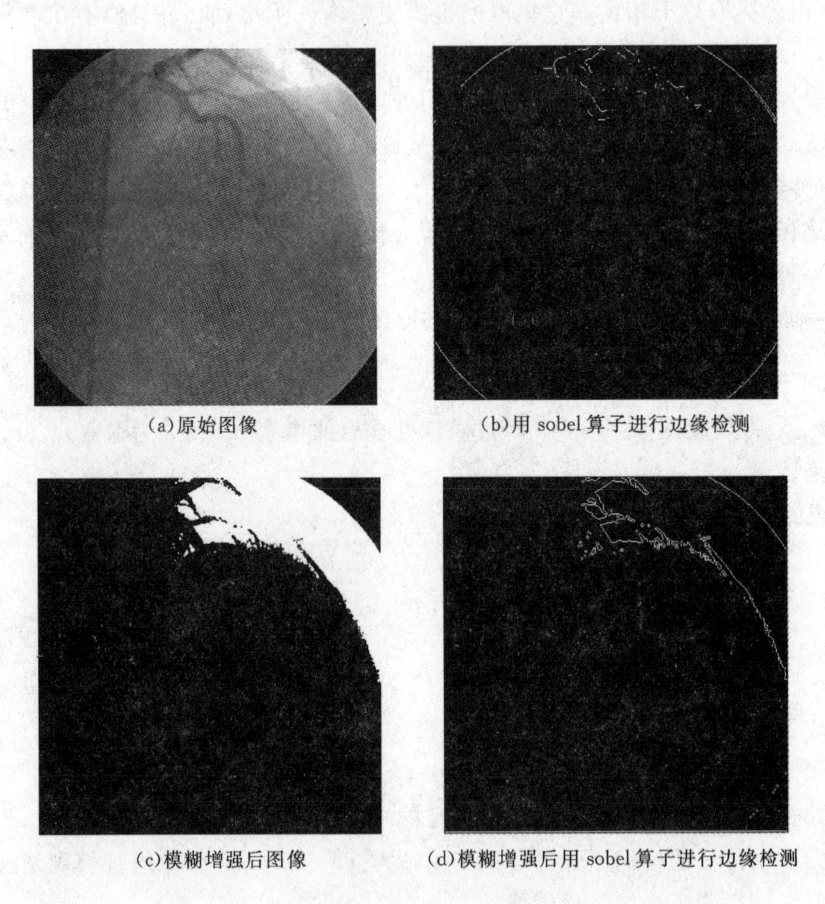

(a)原始图像　　(b)用 sobel 算子进行边缘检测

(c)模糊增强后图像　　(d)模糊增强后用 sobel 算子进行边缘检测

图 5－15　几种方法的对比效果图

二维高斯核 $G(x,y,\sigma)$ 中的 σ 是函数的尺度因子。避免多尺度边缘检测的弊端，σ 选取的复杂性和其间隔的不确定性。本章节算法取 $\sigma=1$，直接在小尺度下，通过模糊增强算子，使图像的高频信号和噪声信号的对比度增强，增强了抗干扰性。由于小尺度分析时边缘定位精度较高，所以采用单一小尺度分析克服了多尺度选择的难点。

本章采用 LoG 算子的过零点边缘检测方法已经在 4.4 节中详细阐述。

5.3.2　实验结果分析

本书选用 Lena 图像作为处理对象，如图 5－16（a）所示。在图 5－16（b）中，在 $\sigma=1$ 时，从提取的效果图来看，直接利用过零点检测方法提取图像边缘，在小尺度时获得的图像边缘抗干扰能力不强，此时的边缘包含的细节信息较多，边缘定位仍然是较为准确的，但该算法对图像的平滑程度较弱，所以它抗干扰能力不强。由于错误地将一些噪声点当成图像边缘，而使获得的图像边缘比较不清晰。

对原图像进行模糊增强预处理而获得的结果图如图 5－16（c）所示，可以看到此时提高了图像中像素点的对比度，增强了图像的像素点和噪声点之间的差异。在图 5－16（d）中，对 $\sigma=1$ 时进行模糊增强后的图像进行过零点边缘检测。

与传统的边缘检测算子（Prewitt 算子）相比，传统算子提取的边缘会出现断点的现象，如图 5－16（e）所示。而利用本书算法提取的边缘效果好，边缘完整，定位准确，符合人类的视觉感受，具有较强的适应性。

(a)原始图像(house)

(b)$\sigma=1$ 时图像边缘

(c)预处理(模糊增强)后图像

(d)预处理(模糊增强)后，$\sigma=1$

(e)prewitt 算子边缘检测

图 5－16　实验结果分析图

大量实验证明，当尺度 $\sigma=1$ 时，利用该方法能够提出质量较高的图像边缘，并且边缘效果不会对尺度 σ 的大小过度依赖。通过与传统的 Prewitt 边缘提取算子相比，得出利用本书方法提取的边缘更清晰，位置更准确，并且不会出现间断点，甚至抗噪声能力也有所提高等结论。实验结果显示，本书所提出的方法能够解决提取图像高质量边缘和抗噪能力之间的矛盾的问题。在单尺度下，图像模糊增强预处理后，采用基于 LoG 算子的过零点边缘检测效果比传统边缘检测算子 Prewitt 更好，并且在实效性等方面优于多尺度的方法。因为采用了模糊增强对图像进行预处理，提高了图像和噪声的对比度，提高了抗噪能量，这样有利于高质量边缘的提取。

5.3.3 基于单一尺度的图像边缘检测算法的改进

在5.3.1节中提出的基于模糊增强的单一尺度边缘检测方法，大量实验结果证明了该方法有效的提取部分图像（图像边缘与区域像素对比度较大）的边缘[98,99]。但是由于在实际中，一般得到的医学图像比较模糊，边缘像素比较平滑，如果直接进行模糊增强预处理，将会把一些边缘点模糊化，出现不连续的边缘或是伪边缘的现象，如图5-2（d）所示。

本节为了消除图像中的噪声引入了各向异性扩散平滑[98,99]。各向异性扩散平滑是一种以扩散方程为基础的滤波方法，它通过对物理中的扩散现象的研究，将其用于对图像平滑滤波。在扩散演化的过程中，利用合适的扩散系数来控制方程演变的行为，使图像被平滑的同时，并保留和增强图像的特征信息，该方法也可以用于图像分割。下面引入该边缘检测方法。

由于传统的线性平滑方法存在着图像细节保持能力比较差、平滑图像边缘信息等缺点。在1990年，各向异性的扩散方法首次被 Perona 和 Malik[119] 提出，它主要利用对非线性偏微分方程求解来实现对图像数据的平滑处理。在 $\Omega \in R \times R$ 上，设原始灰度图像为 u_0，则 $u(x,y,t)$ 表示平滑后图像。为了获得 $u(x,y,t)$，需要对如下的非线性热传导方程：

$$\frac{\partial u}{\partial t} = \mathrm{div}(g(|\nabla u|)\nabla u) = g(|\nabla u|)\Delta u + \nabla g \cdot \nabla u$$

进行求解。

该方程可以通过合理的控制扩散系数得到图像平滑区域内较大的扩散程度，这样提高了抗噪能力。而在图像的边缘区域内，选取合适的控制扩散系数扩散方程的扩散程度几乎接近于0，这样保持图像的边缘。

Perona&Malik 模型具有各向异性扩散特性，该模型可以在图像的非边缘区域内发生了扩散，使对图像像素点像素值低对比度的区域进行了平滑处理，并保留了高对比度的区域（图像的边缘区域）。它可以对图像进行预处理，它不仅具有去除噪声的功效，而且还具有保留图像边缘信息的功能。因此，Perona&Malik 模型是对线性尺度空间的改进，它同时具有保存边缘信息和平滑图像的功能，这样就克服了线性噪模型两者不能兼得的缺点。

所以，本节提出将各向异性扩散引到边缘检测的预处理中[98]。本节所采用的各向异性扩散是F. Catte等人[67]对P－M模型进行改进后的模型，如式（5－6）所示：

$$\begin{cases}\dfrac{\partial u}{\partial t}=\nabla(c(|\nabla u_\sigma|)\nabla u)\\u_0(x,y)=u(x,y,0)\end{cases}\tag{5-6}$$

其中，$u_\sigma=G_\sigma*u$，$c(\cdot)$与P－M模型中扩散系数在形式上一致，仍满足各向异性扩散的性质。用差分法求解该方程是一个迭代的过程，每次迭代相当于用高斯滤波器G_σ对图像$u(x,y,t)$进行一次卷积操作，标准差σ为常数，在迭代过程，逐步对噪声进行平滑，但同时图像中的阶跃边缘也受到一定程度的平滑。如果在迭代过程中逐渐减小高斯滤波器的标准差σ，就可以做到在对图像噪声进行平滑的同时降低对阶跃边缘的平滑程度。F. Catte采用先对噪声图像进行平滑操作以减小噪声点的边缘梯度使得较强的灰度阶跃能够被保留下来，在此基础上使用P－M模型进行各向异性扩散方程滤波，就能取得较好的去噪效果。同时F. Catte等人证明了该模型解的存在唯一性。

本节提出的边缘检测方法步骤如图5－17所示。

本节提出的平滑模型具体流程为：首先设已知图像边缘初始化条件，然后使用边缘停止函数对图像内部像素点进行平滑演化处理，但是边缘像素点几乎不进行平衡处理[65,55]。如果边缘不确定，则需要在已知尺度下估计图像边缘，否则会出现伪边缘点的现象。还有一种情况就是：对真实边界点来说，由于它们的梯度幅值太小，不能引起算法的敏感性，因此会误认为不是边界点，进而出现对其进行平滑现象。如果直接对平滑滤波后的图像进行边缘检测，仍然会出现上述现象。由于以上缺点，本节引入了各向异性扩散平滑算法[98,99]，改进了5.3.1中提出的算法。

一个具体的处理过程如下所述，如图5－18所示，先对眼部血管图像进行基于F. Catte模型的各向异性扩散平滑滤波处理，然后利用高斯单尺度的过零点边缘检测，与Canny算子相比，可以清晰地看到图像平滑后的边缘，噪声点很少，边缘清晰。

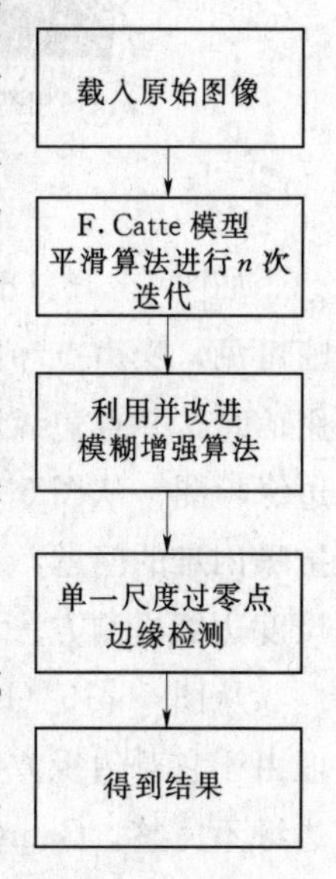

图5－17　边缘检测方法流程图

5.3.4　实验结果分析

本书实验以头部MIR图像进行处理，如图5－19（a）所示。如图5－19（b）所示，图像进行了3次平滑迭代，如果此时对平滑后图像直接进行边缘提取，由于平滑后的图像边缘模糊程度较大，因此边缘提取不理想。如图5－19（c）所示。

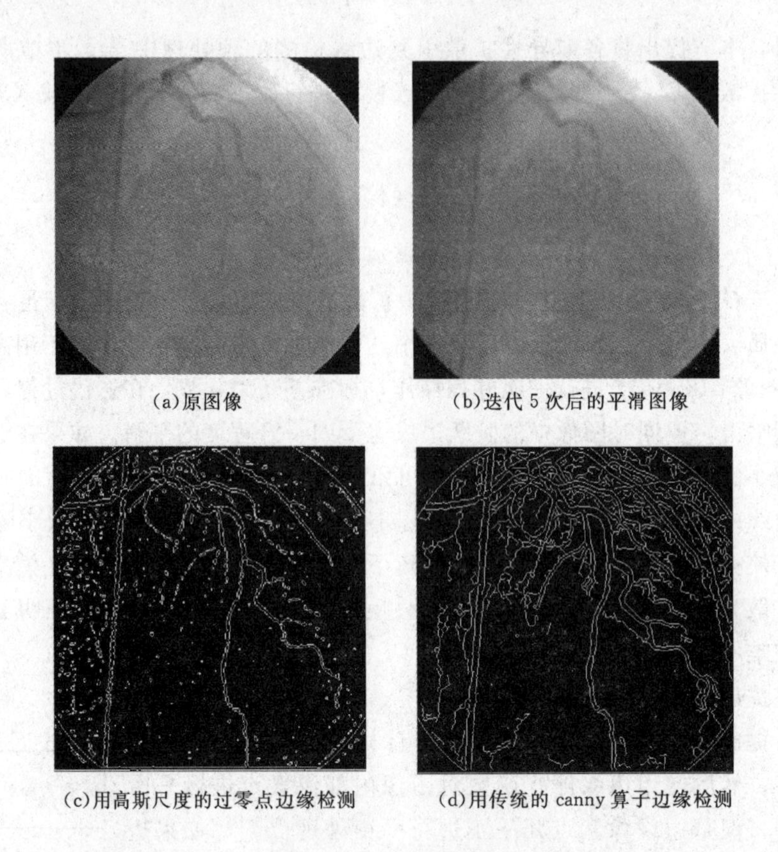

(a)原图像　(b)迭代 5 次后的平滑图像

(c)用高斯尺度的过零点边缘检测　(d)用传统的 canny 算子边缘检测

图 5-18　实验结果图

如图 5-19（d）所示，可以看出图像中像素点对比度有所提高，图像边缘清晰可见，噪声点和图像像素点之间的对比度也得以提高。此时滤掉了图像的一些无用信息，并且边缘和有用信息的对比度提高了，然后再进行尺度 $\sigma=1$ 时的过零点边缘检测。从图 5-19（e）可以看到，图像边缘定位比较准确，克服了小尺度下抗噪困难的问题，并能准确地对图像的边缘点定位，减小误差。因此，本方法与多尺度边缘检测方法相比，更易于实现。

从图 5-19（f）和图 5-19（g）可以看出，Sobel 算子具有一定的抗噪能力。但由于它对边缘方向有很强的依赖性，而对于较弱的边缘不敏感，因此检测出来的边缘不完整。Canny 算子的边缘检测准则相对来说比较完善，但是由于医学图像本身边缘不易确定，所以该算法得到的边缘分支不清，有时会提出错误的边缘，如图 5-19（g）所示。

然而，从图 5-19（e）可以看出本章所提的算法提取的边缘质量较好，可以清晰地描绘出图像的边缘，并且没有出现边缘间断的现象，甚至一些图像细节也准确定位出来，超越了传统边缘检测的效果。

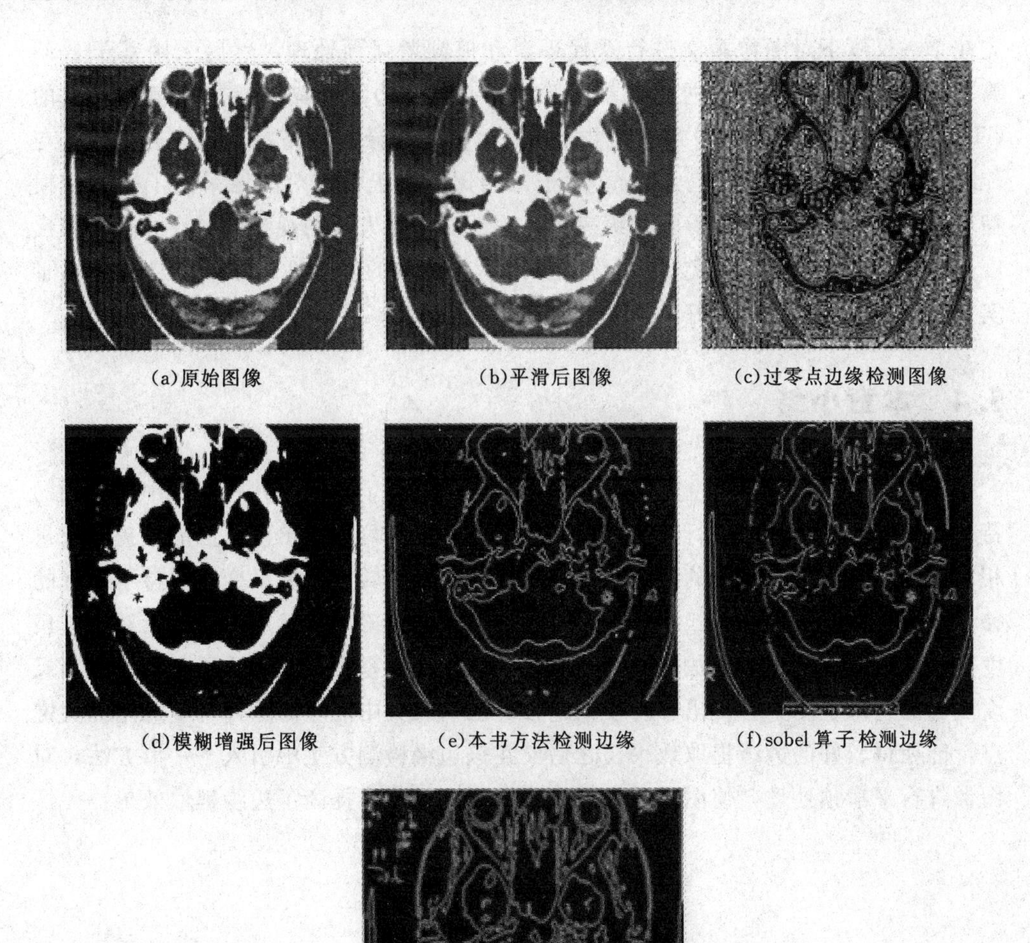

(a)原始图像　(b)平滑后图像　(c)过零点边缘检测图像

(d)模糊增强后图像　(e)本书方法检测边缘　(f)sobel 算子检测边缘

(g)canny 算子检测边缘

图 5-19　边缘检测图像比较图

在 5.3.1 节中提出的基于模糊增强的单一尺度边缘检测方法，大量实验结果证明了该方法有效的提取部分图像（图像边缘与区域像素对比度较大）的边缘。但是对于医学 CT 图像，由于 CT 图像的边缘和图像区域对比度较小，在模糊增强的过程中，一些图像的细节信息会误认为是噪声点被模糊了，特别是一些对比度不是很高的边缘点。因此在此方法的基础上，引入了各向异性扩散平滑，首先对图像进行平滑预处理，然后对具有不同性质的像素点分别处理，最终得到高质量的图像边缘提取效果。本章中提出一种基于模糊增强的单一尺度下边缘检测方法改进算法。首先在单一尺度下对图像多次进行迭代平滑和模糊增强预处理，然后采用基于 LoG 算子的过零点边缘检测。通过大量实验证明，对与边缘模糊并且边缘信息量大的 CT 图像来说，本章提出的方法效果比较好，提取边缘质量高，抗噪能力也强。与传统边缘检测算子（Sobel、Canny 算子）相比，由于首先对图像采用了平滑和模糊增强预处理，抑制了噪声，边缘完整、连续、符合人类的视觉感知。并且与多尺度边缘检测方法相比，避免了多尺度的弊端：σ 选取的复杂性和不确定性，提高了实效性，并且能够提取较好的边缘效果。

5.4　本章小结

本章对基于高斯尺度空间特征点提取的算法进行了研究，并将图像中提取到的特征点用图像匹配算法进行图像匹配。从实验结果中可以看出该算法能够提取数量相对较多的特征点，提取的特征点对图像的缩放、旋转以及亮度变化保持了很好的鲁棒性，将其应用于图像匹配，保持了很高的匹配正确率。然后，本章又对基于尺度空间理论的边缘检测方法进行了探究。在提出将过零点提取方法用于单一高斯尺度图像的边缘检测中，提出了将模糊增强算法引入其中能够滤除掉一些无用的关键点，能获得较好的边缘提取效果。之后又在该边缘检测方法中引入了平滑方法，对图像进行平滑预处理，使图像噪声得到了抑制，进一步提高了边缘提取效果。

第6章　基于多尺度理论的图像骨架提取分析

6.1　引言

随着科技的突飞猛进，医学的发展水平代表了一个国家的综合国力。医学图像在临床诊断、疾病治疗、教学科研等方面正发挥着无可比拟的作用，医学图像信息处理已经成为现代医学的固有属性与特征。

20世纪50年代，有学者提出压缩字符以获得比输入字符笔画宽度更细的字符细线表示，其后，这种表示逐渐被推广应用于很多领域。在医学CT图像处理中，图像骨架则一般被作为分层匹配中粗匹配的特征[120]。在匹配过程中，为了使图像特征点具有尺度不变、旋转不变的特性，人们又引出了尺度空间的概念。尺度空间是一个用来控制观察尺度或表征图像数据多尺度自然特性的框架，它是由高速卷积核与图像进行尺度变换得到的。

本章对目前常见的静态灰度图像骨架提取算法进行研究总结，提出一种基于曲率尺度空间和改进FMM模型的二维血管骨架线提取算法。将改进后的骨架提取算法系统地应用到人体脑部血管图像中，利用基本Level Set模型以及曲率尺度空间理论自动检测出边界种子点；再应用改进FMM模型演化得到骨架线；然后对得到的骨架进行科学的评价；最后通过相关实验对比分析，验证了该算法具有效率高，骨架提取质量高等优点。

6.2　骨架提取的基本概念及相关方法

骨架（Skeletons）是一种图像的形状特征，是由一些细的弧线和曲线集合构成，这些弧线和曲线能够保持原始图像形状的相连性[121]。

H. Blum[122]认为对称性是骨架的一个最重要的性质。骨架提取（Skeleton）是一种根据不同的定义和算法提取原始图像形态骨架的方法[124]。骨架提取算法已成为图像/视频检索、医学图像处理、可视化以及模式识别等领域研究的热点问题之一[123]。当今骨架提取算法一般分为三大类：细化方法、对称轴分析、形状分解方法等。

1973 年[122]，Blum 提出了基于对称轴分析的骨架提取的算法。它的主要思想是：通过寻找形状轮廓的对称轴来提取图像骨架，并且把骨架作为中轴变换（Medial axis）的对称中心集。

细化（Thinning）方法，即迭代细化（Iterative thinning）方法，其基本思路是通过利用分层单向或双向迭代的方法删除目标边缘的点，直到目标为单像素图形。

形状分解算法是：首先把一个目标分解为多个子模块，然后提取对这些子模块的骨架，最终组合形成整个图像的完整骨架。

总体来说，现有的提取图像骨架的方法仍然存在着诸多问题：

（1）骨架提取效果不是自适应的，需要人工选择合适的阈值。

（2）计算复杂度高。

（3）缺乏鲁棒性。

（4）对边缘噪声敏感。

6.3　骨架提取理论算法研究与详解

6.3.1　Level Set 模型

Level Set 模型的核心思想可描述为：

将 n 维图像灰度数据看作（$n+1$）维的水平集，即将 n 维描述视为有 n 维变量的水平集函数 f 的水平集。因而，把求解 n 维描述过程转化为由于求解有 n 维变量的水平集函数 f 的演化所造成水平集的演化过程。通过这种转化，引入变化中的相对不变：水平集函数 f 的水平 c 不变。

定义 6.3.1.1　与实数 c 对应的可微函数为 $f:R^n —— > R$，则其水平集为实点集 $\{(x_1,x_2,\cdots,x_n)/f(x_1,x_2,\cdots,x_n)=c\}$，可微函数 f 称为水平集函数。

构造函数 $\varphi(\bar{x},t)$，使得在任一时刻，运动界面 $F(t)$ 恰好是其零水平集，即 $F(t)=\{\bar{x}\in\Omega:\varphi(\bar{x},t)=0\}$ 。

取 $\varphi(\bar{x},0)$ 为点 $\bar{x}$ 到界面 $F(0)$ 的距离，可表示为：

$$\varphi(\bar{x},0)=\begin{cases} d(\bar{x},F(0)) & \bar{x}\in\Omega^1 \\ 0 & \bar{x}\in F(0) \\ -d(\bar{x},F(0)) & \bar{x}\in\Omega^2 \end{cases} \tag{6-1}$$

式中：$d(\bar{x},F(0))$ 为 $\bar{x}$ 到 $F(0)$ 的距离。

有关水平集、零水平集、运动界面的相关图形初始化描述如图 6-1 所示。

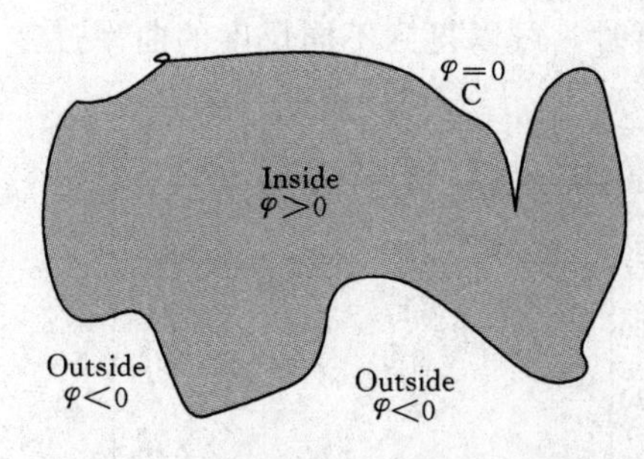

图 6-1 零水平集初始化示意图

Level Set 图像处理算法可描述如下：

第一步：构造合适的初始水平集函数 $\varphi(\bar{x},t)$，具体要求如图 6-1 所示，保证在所研究的集合内部为正，外部为负；

第二步：利用离散差分法求解水平集方程。求解得到下一时刻的 Level Set 函数 $\varphi(\bar{x},t_{n+1})$ 在整个求解区域的值，$F(t_{n+1})$ 为 $\varphi(\bar{x},t_{n+1})$ 的零水平集，即：$F(t_{n+1})=\{\bar{x}\in\Omega:\varphi(\bar{x},t_{n+1})=0\}$，此时的 $\varphi(\bar{x},t_{n+1})$ 不再为符号距离函数，需要构造新的符合要求的初始水平集函数。

第三步：构造新的初始水平集函数如下：

令 $\begin{cases}\varphi_t = sign(\varphi(\bar{x},t_{n+1}))(1-|\nabla\varphi|)\\ \varphi(x,0)=\varphi_0\end{cases}$，反复迭代求解，直到取得该方程稳定的解；

第四步：求解物理量控制方程

基于 $\varphi(\bar{x},t_{n+1})$，得到 t_{n+1} 时刻对应物理量的值；

反复循环，直至得到所求的稳定位置。

6.3.2 曲率尺度空间理论

对于封闭曲线 $C(X(t),Y(t))$，它的曲率定义为 $k=\dfrac{\dot{x}\ddot{y}-\dot{y}\ddot{x}}{(\dot{x}^2+\dot{y}^2)^{3/2}}$，其中 $\dot{x}$，$\dot{y}$，$\ddot{x}$，$\ddot{y}$ 分别为 $X(t)$，$Y(t)$ 对 t 的一阶和二阶偏导。

然后把 $X(t)$，$Y(t)$ 分别与线性高斯核 $G(t,\sigma)$ 进行卷积，如下：

$$x(t,\sigma)=X(t)*G(t,\sigma)=\int_{-\infty}^{\infty}X(u)\frac{1}{\sigma\sqrt{2\pi}}\mathrm{e}^{-(t-u)^2/2\sigma^2} \tag{6-2}$$

$$y(t,\sigma)=Y(t)*G(t,\sigma)=\int_{-\infty}^{\infty}Y(u)\frac{1}{\sigma\sqrt{2\pi}}\mathrm{e}^{-(t-u)^2/2\sigma^2} \tag{6-3}$$

同理根据曲率的定义可以得到曲率尺度空间，如图 6-2 所示。

$$K(t,\sigma)=\frac{\dot{x}(t,\sigma)\ddot{y}(t,\sigma)-\dot{y}(t,\sigma)\ddot{x}(t,\sigma)}{(\dot{x}(t,\sigma)^2+\dot{y}(t,\sigma)^2)^{3/2}} \tag{6-4}$$

其中
$$\dot{x}(t,\sigma)=X(t)*\left(\frac{\partial G(t,\sigma)}{\partial t}\right)$$

$$\ddot{x}(t,\sigma)=\frac{\partial^2 x(t)}{\partial t^2}=X(t)*\left(\frac{\partial^2 G(t,\sigma)}{\partial t^2}\right)$$

$$\dot{y}(t,\sigma)=Y(t)*\left(\frac{\partial G(t,\sigma)}{\partial t}\right)$$

$$\ddot{y}(t,\sigma)=\frac{\partial^2 y(t)}{\partial t^2}=Y(t)*\left(\frac{\partial^2 G(t,\sigma)}{\partial t^2}\right)$$

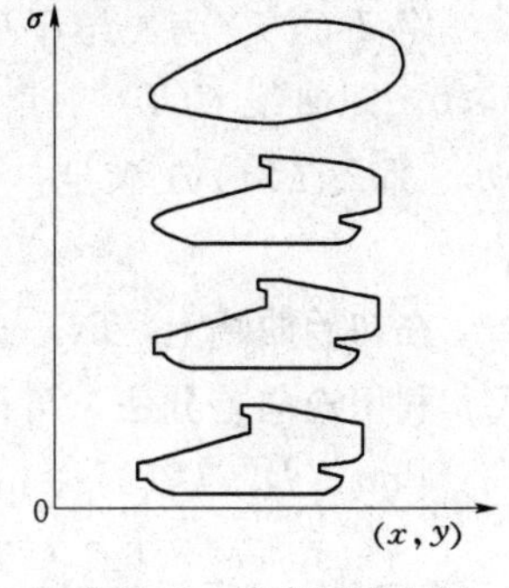

图 6-2 曲率尺度空间

在曲率尺度空间内，当 $K(t,\sigma)$ 随着 σ 变换时，可以得到不同尺度的曲率过零点位置，如图 6-3 所示。

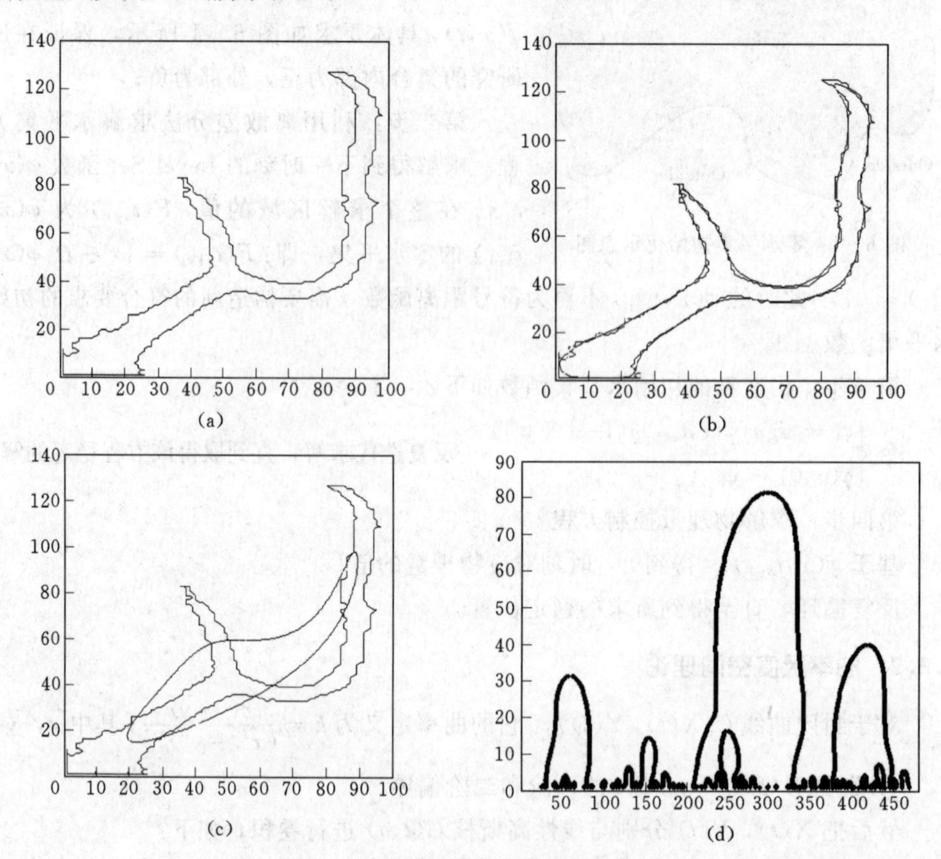

图 6-3　不同尺度的曲率过零点位置

在如图 6-3（a）、（b）、（c）所示表示曲率尺度空间演变过程，图 6-3（d）表示曲率过零点位置。

6.3.3　快速行进法（FMM）

定义 $C(T)$ 为二维平面上的曲线，F 表示为其法线方向上的速度。运动速度 $F\geqslant 0$，即曲线 $C(T)$ 一直是向外运动。设曲线经过指定点 (x,y) 的时间为 $T(x,y)$，那么 $T(x,y)$ 满足：

$$|\nabla T|F=1 \tag{6-5}$$

在初始曲线上，$T(x,y)=0$。式（6-5）即著名的 Eikonal 方程的一种表示形式。利用逆向差分法，可得其求解公式：

$$[\max(D_{x,y}^{-x}T,0)^2+\max(D_{x,y}^{+x}T,0)^2+\max(D_{x,y}^{-y}T,0)^2+\max(D_{x,y}^{+y}T,0)^2]^{1/2}$$

$$=\frac{1}{F_{x,y}}D_{x,y}^{-x}T=\frac{T_{x,y}-T_{x-1,y}}{h}$$

$$\begin{cases} D_{x,y}^{+x}T = \dfrac{T_{x+1,y} - T_{x,y}}{h} \\ D_{x,y}^{-y}T = \dfrac{T_{x,y} - T_{x,y-1}}{h} \\ D_{x,y}^{+y}T = \dfrac{T_{x,y+1} - T_{x,y}}{h} \\ F_{x,y} = e^{-\alpha|\nabla I(x,y)|} \end{cases} \tag{6-6}$$

式中：D^-、D^+ 分别表示后向和前向差分算子；α 为常量；$\nabla I(x,y)$ 为图像 $\nabla I(x,y)$ 的灰度梯度描述。

快速行进法的具体算法步骤描述如下[44,121,122]：

（1）初始化。

1）K 点：即边缘曲线 $C(0)$ 所在的网格点，记 $T(x,y)=0$。

2）I 点：考察 K 点的 4 邻域点，若不是 K 点，则被初始化为 Ac 点，并赋予到达时间 $T(x,y)=1/F(x,y)$。依次置于排序堆栈中。

3）F 点：其他点初始化为 F 点，并记到达时间 $T(x,y)=100000$。

（2）曲线演化。如果 A 点在所有 I 点中具有最小时间，则标记 A 点为 K 点，同时将 A 点从 I 点集合中剔除。

考察 A 点的 4 邻点：若是 K 点，则不改变时间；若是 I 点，则更新该点时间，并调整其在排序堆栈中的位置；若是 F 点，则将其标记为 I 点，更新该点时间，并将其放入排序堆栈中。若某一点的到达时间大于指定阈值，或排序堆栈为空，循环结束；否则转（1）。

6.3.4　基于 Level Set 模型与改进快速行进法的骨架提取算法

在保持拓扑结构信息的同时，把压缩物体形状看作骨架的提取[125]。提取单像素连续平滑骨架是骨架化[128]的主要目标。

6.3.4.1　算法思路

本文以脑血管图像为例，利用一种新的算法来提取灰度脑血管图像的连续骨架曲线。本文所采用方法的主要思路是借鉴任意两点间极小路径的概念构造骨架线。这里又涉及两个关键步骤：第一是关键节点如何确定，其次是极小路径如何计算。

首先对于我们选取对象的拓扑节点作为构造骨架的关键点，在水平集演化时通过控制这些节点，提取骨架就比较容易了；接着，对于拓扑节点之间的极小路径，在欧式距离意义下，利用图像边缘线的信息得到梯度向量流，从而构造相应的能量函数得到两个节点之间的骨架。本文采用水平集演化方法自适应提取拓扑间节点（Node）的算法，算法过程如图 6-4 所示：

在图 6-4 中，用 $D(x)$ 表示最小成本路径域；P_S 表示源点；χ^- 表示演化峰

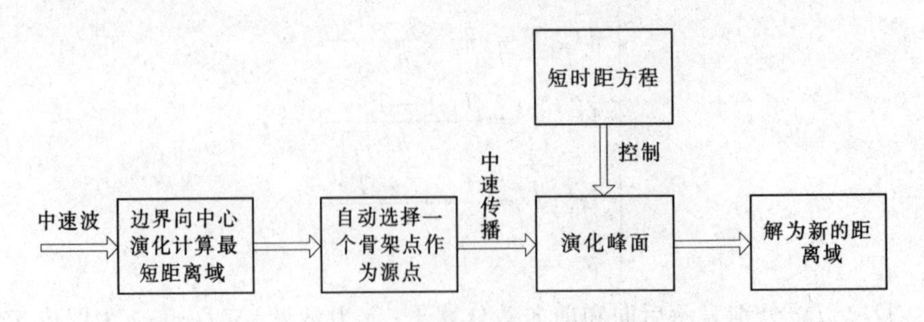

图 6-4　实际骨架点到边界的距离描述

面；$D(x)$ 表示新的距离域。其速度为：

$$F(x) = e^{\chi D(x)}, \ \chi > 0 \tag{6-7}$$

令 $\hat{D}_1(x)$ 为离散化距离域 $D_1(x)$，则有：

$$\hat{D}_1(x) = round(D_1(x)) \tag{6-8}$$

得出 $D(x)$ 整数值之后，使其离散化，那么基本的元素从点转化成簇。

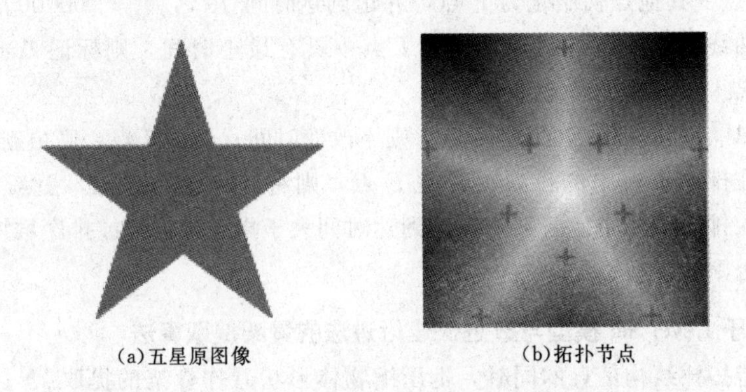

(a)五星原图像　　(b)拓扑节点

图 6-5　拓扑节点提取结果

建立水平集图（Level Set Graph），它的根节点是包含 P_S 簇并且值为零。簇图包含端点簇、聚类簇等两个主要的簇类型（当且仅当目标内部包含洞才存在聚类簇）。之后，为了得到簇的中间点，需要对 $D(x)$ 进行搜索，具有最大 $D(x)$ 值的簇中的点就是簇的中间点，如图 6-5 所示。

在簇图中，可以将一个聚类簇 M 和每次骨架线循环相关联。设 M 只有两个相邻簇 S_1 和 S_2，具体算法可描述如下：

(1) 计算 S_1 的中间点 s_1。将所有点作为物体背景的一部分，从 s_1 到 P_S 只有一条骨架线。从 P_S 到 s_1 利用 FMM 演化，从而在两点之间根据最短路径提取一条骨架线。

(2) 同理，提取 s_2 和 P_S 之间的一条骨架线。

（3）然后从 s_1 到 s_2 利用 FMM 演化，提取它们两点之间的骨架线。

6.3.4.2 数学模型

借鉴最小累计成本的思想，把两点之间的最小成本作为一条骨架线。此时成本函数定义为如下指数函数：

$$W(x) = e^{t\mu_*(x)},\ t > 0 \tag{6-9}$$

其中，t 为控制骨架点上峰面凸度的系数。

另外假设从源点 A 至目终点 B 的路径 $L(s)$：$[0,\infty) \rightarrow R''$，如果成本函数 W 是路径中节点 x 的唯一函数，则称 W 为各向同性，那么 x 的最小累积成本表示为式（6-10）：

$$T(x) = \min_{L_{Ax}} \int_0^{\delta} e^{-t\mu_*(L(x))} dx \tag{6-10}$$

其中，L_{Ax} 是连接拓扑点 A 到点 x 的所有路径长度的集合，S 是路径大小。

设 A 是源点，从它开始利用能量函数 W_λ，（峰面凸度与 t 成正比），沿着物体的内法线方向演化。其峰面的演化速度可表示为：

$$V(x) = e^{t\mu_*(x)} \tag{6-11}$$

对于骨架点 A，z，B，令 $\mu(A) = \mu(z) = P, \mu(i) = \mu(j) = \mu(x) = \mu(y) = P - \beta, 0 < \beta < P$，$\beta$ 为两个相邻点的最小距离。假设 $T(A) = 0$，可得：

$$\begin{aligned} T_i &= T_j = \frac{\sqrt{2}}{2} e^{-t(\rho-\beta)} \\ T_x &= T_y = \sqrt{2} e^{-t(\rho-\beta)} \\ T_z &= \frac{\sqrt{2}}{2} e^{-t\rho} \end{aligned} \tag{6-12}$$

下面分析 T 的性质。当 $t=0$ 时，$T(i) = T(j) = T(z)$，由 i、j、z 三点可以组成一个峰面 W_0，并且可以求出在 z 点的正曲率表示为 χ_0；若 $t \neq 0$：$T(u) = T(v) = 2.7T(z), T(A) = 0$，从起点 P_S 到峰面上各点的演化时间相同，经过 z 点的峰面 W_1 比 W_0 的基线短，此时的曲率关系为 $\chi_1 > \chi_0$；当 $t = \infty$：由于 β 相邻点之间用一个常量表示，如果 $t \rightarrow \infty$，则有：

$$\begin{cases} \lim\limits_{t\rightarrow\infty} \dfrac{V(z)}{V(i)} = \lim\limits_{t\rightarrow\infty} e^{t\beta} = \infty \\ \lim\limits_{\alpha\rightarrow\infty} \dfrac{T_z}{T_i} = \lim\limits_{t\rightarrow\infty} e^{-t\beta} = 0 \end{cases} \tag{6-13}$$

根据以上算法可以看出，由于选取的能量函数不同，在骨架点和非骨架点的速度不同（骨架点>非骨架点），因此骨架点首先成为演化的汇合点。实验表明当 $t \geqslant 19$ 时，可以利用这种方法得到图形的骨架线。

6.3.4.3　算法描述

本章提出的改进算法的具体步骤可描述如下：

(1) 明确聚类中心。首先利用欧式距离变换，可得距骨架点 p 最近边界点 q_1 的坐标，以及其八邻域点 $q_i(i=2,\cdots,9)$（顺时针顺序），从中选取几个点作为最大圆与边界的切点。

沿着边界距离 D 以骨架点 p 对应最大圆与边界的切点为中心进行聚类，设为 A，B，…。

(2) 邻域点的区域划分。各类中具有最近边界点标签对应骨架点 P_i 添加相同的标记，并将八邻域分配角度，如式（6－14）所示：

$$\begin{cases}\{p_5,p_3,p_2,p_1,p_4,p_6,p_7,p_8\}\\\left\{0,\frac{\pi}{4},\frac{\pi}{2},\frac{3\pi}{4},\pi,\frac{5\pi}{4},\frac{3\pi}{2},\frac{7\pi}{4}\right\}\end{cases}\tag{6-14}$$

把 p 与切点 A，B，…连起来，选定分界点。

(3) 确定候选骨架点。在各自的域内进行骨架点的确定，如图 6－6 所示。

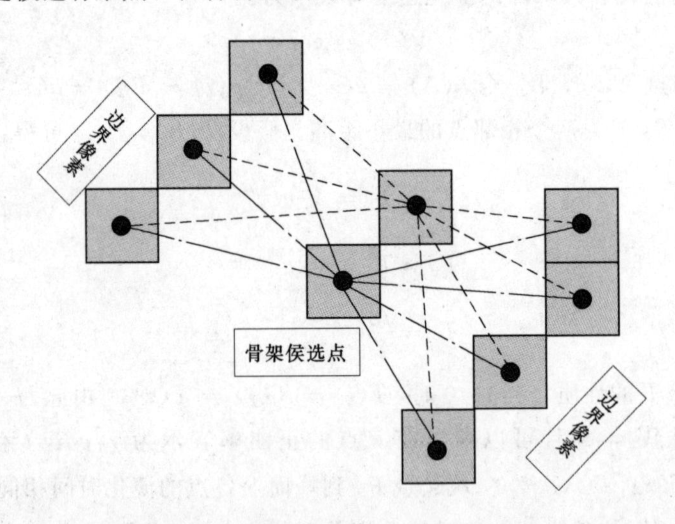

图 6－6　候选骨架点到边界的距离描述

1）若已存在骨架点，则考虑下一个区域。

2）若该元素是孤立的，即为骨架点。

3）若邻域内有大于等于 2 个元素，只有当它们之间相邻且具有不同比记时，才将它们作为候选骨架点[44,126]。

为了确保骨架线的单像素性，每个骨架点八邻域内最多有 4 个骨架点，并且这 4 个骨架点必须是相邻的。

(4) 骨架提取循环。把新产生的骨架点压入栈[129]。然后取出栈中未被处理过的获选骨架点重复上述步骤，直到所有元素处理完。

（5）提取骨架优化处理。通过上述过程，已经得到了可观骨架结构，但是在图像的主体结构上出现很多“毛刺”[130,131]。这些毛刺是虚假的图形骨架，会给医疗分析和诊断带来不便和误差。本章创新性地提出了一种“毛刺”的去除算法，具体步骤描述为：

1）对图像由左到右，由上到下进行逐点扫描，检测当前点的像素值，如果该点值为1，则进行2)，否则继续1)。

2）判定该点八邻域的和是否大于2，如果大于2则进行1)，若等于2，则进行3)。

3）将线条长度变量 line L 加1，同时判断其邻域内下一个为1点的方向，并将当前点移动到下一点，同时将上一点像素坐标放进坐标数组，进行4)。

4）求当前点的八邻域和，如果等于3，则重复3)，若大于3，则进行5)。

5）考察 line L 的值，如果大于等于5，则重复1)，否则将坐标数组里的点置0，继续1)。

6.4 应用实例

在当今的医学领域中，很多场合下都需要对神经、血管等组织进行可视化以及细致入微的分析[132-134]，然而在医学领域的可视化研究里，如何对这些细微组织的进行绘制与分析却十分困难。

6.4.1 实例描述

在本章中，采用了一副健康的脑部血管图像进行分析研究（如图6-7所示）和相应的实验与对比，图6-7验证了本书提出的改进算法的优越性，为血管图像的骨架提取研究指出了一个新的优化方向。

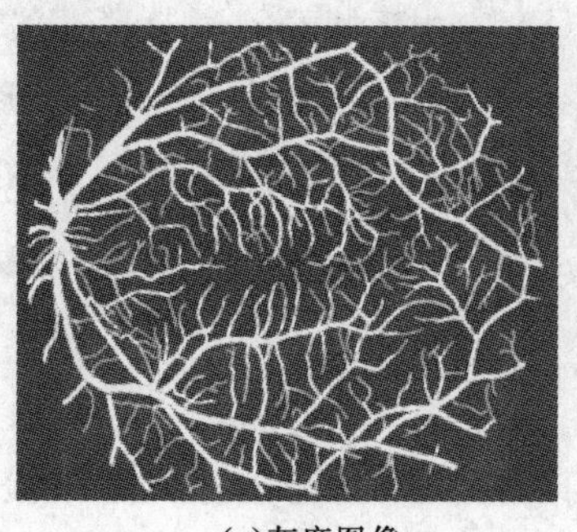

(a)灰度图像

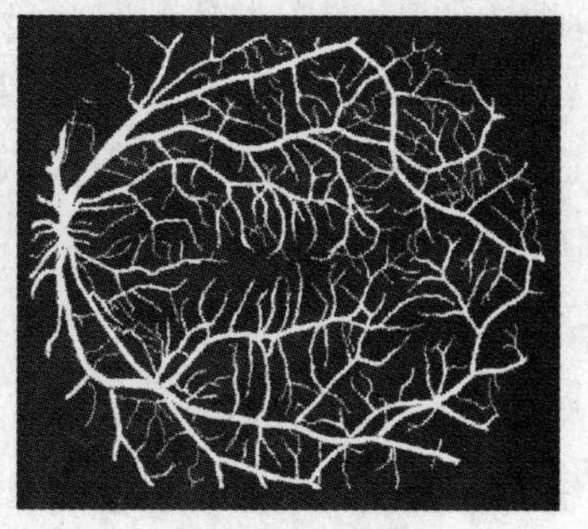

(b)二值图像

图6-7 实验用健康人脑部血管灰度原图

6.4.2　实验方案

根据图像骨架提取算法的流程，利用 Matlab7.0 作为编程工具，设计相关实验方案，具体实验步骤可描述如下。

1. 实验图像的先期处理

针对原图，在实施骨架提取算法之前，需要对实验图像进行先期处理，防止由于图像质量的问题造成对骨架提取效果的干扰。本章引入基于模糊理论的图像降噪和增强算法对静脉图像做预处理，血管先期处理效果图，如图 6-8 所示。

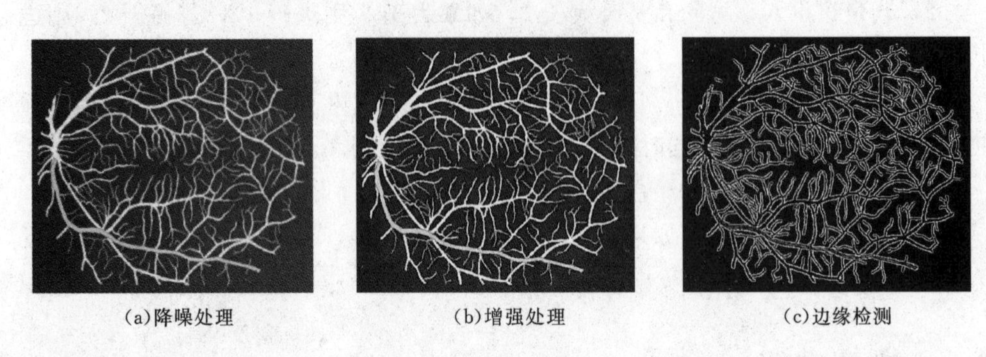

(a)降噪处理　　(b)增强处理　　(c)边缘检测

图 6-8　实验脑部血管图像前期处理描述

2. 骨架提取算法应用效果比较

对增强后的静脉图像，分别采用经典细化算法。本章提出的基于 Level Set 模型的曲率尺度空间与改进 FMM 的骨架提取算法进行分割与提取，对分割后的图像去噪、细化处理得到了清晰的单像素宽的静脉骨架，如图 6-9 所示。

3. 加入高斯噪声后骨架提取算法应用效果比较

在图像中添加高斯噪声后，然后分别利用细化算法和本章提出的改进算法提取骨架，如图 6-10 所示。

4. 血管图像局部分支的优化处理

由于脑血管 CT 图像图形比较复杂并且存在很多噪声，以及现存关于提取窄带狭长图形骨架的局限性，使提取出来的骨架出现许多“毛刺”。为了处理这一问题，应用本章改进算法可以得到较好的骨架提取效果，以实验图像的局部为例，优化过程如图 6-11 所示。

6.4.3　实验结果与讨论

综合实验结果，可得以下结论：

(1) 传统的经典提取骨架的算法提出的骨架毛刺较多，利用本书提出的方法提取的骨架质量高，并且符合人类视觉效果。

(2) 本书算法融合了曲率尺度空间理论，抗干扰能力强，在存在噪声的情况

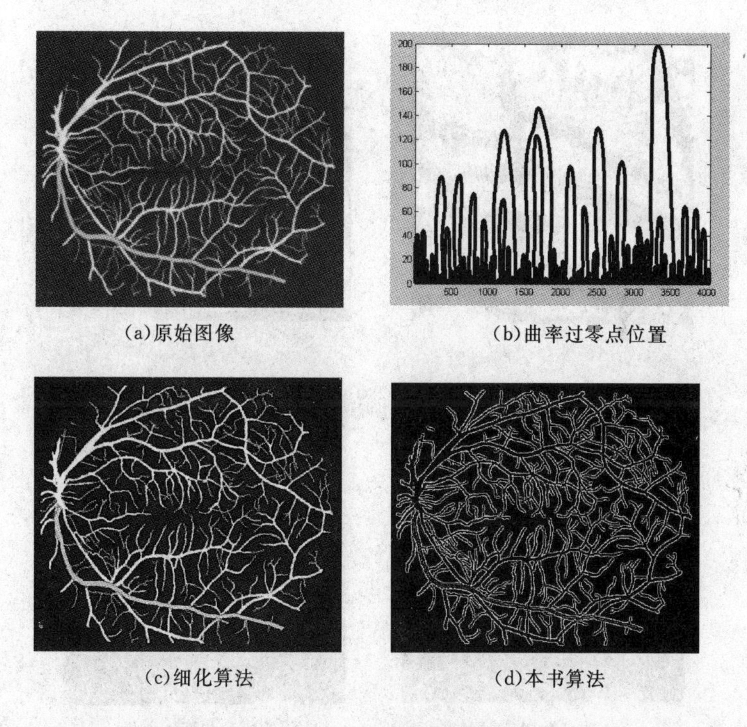

(a)原始图像　(b)曲率过零点位置

(c)细化算法　(d)本书算法

图 6-9　实验脑部血管图像骨架提取效果对比

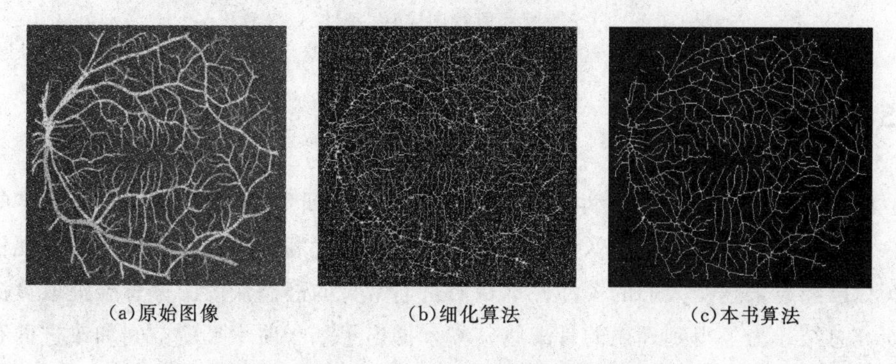

(a)原始图像　(b)细化算法　(c)本书算法

图 6-10　实验脑部血管图像骨架提取效果对比

下，仍然可以提取图形的完整骨架。

(3) 本书的核心算法是通过曲率尺度空间找出关键点，并且改进 FMM，依据 FMM 计算后的距离数据，寻找距边界最远的中心点作为骨架线，从而形成骨架线。降低了算法的复杂度（ONlogN）。

总结来说，本章提出的算法具有较小的算法复杂度，具有很强的时效性，适合于复杂医疗图像骨架的提取，并具有很好的性质，处于目标物体中间、连续、单像素宽。

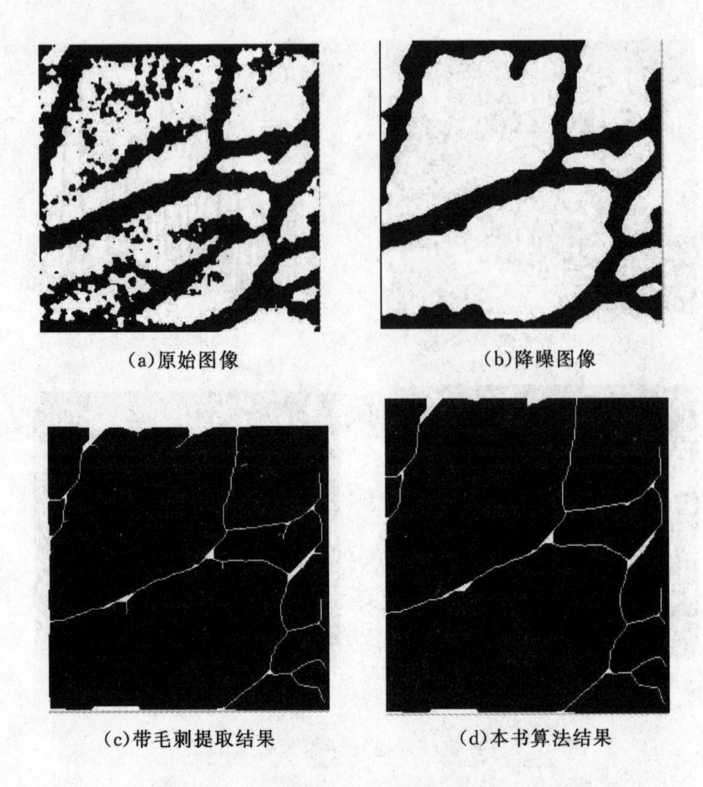

图 6-11　验脑部血管图像骨架提取效果对比

6.5　本章小结

医学图像在医疗诊断、病体分析以及教学、科研等领域起着愈来愈重要的作用，尺度空间理论更是受图像处理学者的青睐，因此利用多尺度的方法处理现代医学图像已经越来越受人们的关注。本章对目前常见的静态灰度图像骨架提取算法进行研究总结，为了得到理想的骨架线，本章提出了基于曲率尺度空间和改进的有限混合模型（FMM）的二维血管骨架线提取算法，并将该算法应用到人体脑部血管图像中，对得到的骨架进行科学的评价。实验证明改进算法该算法具有效率高，骨架提取质量高等优点。利用该算法提取的脑血管骨架线，清晰、光滑等，为疾病的判别提供了更可靠的依据。但是，因为医学图像具有信息量大、区域结构复杂度高并且容易发生变化等特点，针对目标物体如何有效、准确地利用骨架提取法仍是个难点，依然需要继续进行研究。

结　论

本书在演化思想的统一框架下，运用严格的数学理论分析了多尺度图像典型几何特征的演化性质。并通过结合不同尺度下的特征信息，将相关理论研究应用于图像匹配、边缘检测等领域，为进一步综合深入研究图像的多尺度信息、拓展应用领域提供了新的思路和理论基础。此外，从演化角度展开研究有利于从总体上把握目前不同研究模型的共性，通过分析模型之间的内在联系和作用机理，可以互为借鉴，为构造合适的优化算法奠定基础。

本书的主要工作如下：

(1) 考虑到传统的各向异性模型复杂，离散化模型不易求解的特点，本书利用改进的图像结构相似度分析方法，构造了一类新的非线性自适应扩散模型应用于图像去噪。相应的算法可自适应地确定迭代步数同时保留图像的边缘。该算法简单易行，且可以不在人工干预的情况下，有效地去除图像噪声，同时较好地保留图像边缘信息，具有较好的自适应性。

(2) 目前关于图像特征点的研究多是建立在实验观察的基础之上，缺乏深入的机理研究。本书利用严格的奇点理论分析了二维尺度图像特征点的演化状况，尤其是特征点的融合与生成内在机理，给出了图像深层结构的严格描述。这些研究可为目前尺度空间的应用研究提供理论保证，同时关于特征点的性质分析可为后续的尺度空间在图像匹配、运动跟踪、图像分割等领域的应用提供算法基础。

(3) 通过分析了两类重要的图像特征点——分岔点和曲率过零点的基本性质，尝试将理论应用于图像匹配和边缘检测。关于这两类特征点的研究为从多尺度角度研究图像提供了有益的尝试，并为进一步拓宽多尺度应用领域提供了切实可行的思路。

(4) 针对目前提取图像骨架研究中的间断和毛刺问题，本书利用改进的快速行进法，结合水平集方法给出了一种提取狭长带状图像骨架的算法。利用该算法可以导出连续完整的单像素骨架，并且由于具有较好的抗噪性，为处理医学图像、进而为医疗诊断分析提供辅助手段奠定良好的基础。

参　考　文　献

[1] Xue-Cheng Tai, Knut-Andreas Lie, Tony F. Chan, Stanley Osher (Eds.), Image Processing Based on Partial Differential Equations [M], Springer, 2006.

[2] M. Kerckhove (Ed.), Scale Space and Morphology in Computer Vision [M], Springer, 2001.

[3] Ron Kimmel, Nir Sochen, JoachimWeickert (Eds.), Scale Space and PDE Methods in Computer Vision [M], Springer, 2005.

[4] Fiorella Sgallari, Almerico Murli, Nikos Paragios (Eds.), Scale Space and Variational Methods in Computer Vision [M], Springer, 2007.

[5] Xue-Cheng, Tai Knut Mørken, Marius Lysaker Knut-Andreas Lie (Eds.), Scale Space and Variational Methods in Computer Vision [M], Springer, 2009.

[6] T. Lindeberg, Scale Space theory in Computer Vision [M], Kluwer Academic publishers, 1994.

[7] T. F. Chan, J. Shen, Image Processing and Analysis - Variational, PDE, Wavelet, and Statistical Methods [M], SIAM, 2005.

[8] J. Sporring, M. Nielsen, L. M. J. Florack, P. Johansen (Eds.), Gaussian Scale Space [M], Springer, 1997.

[9] L. M. J. Florack, Image Structure [M], Springer, 1997.

[10] J. Weickert. Anisotropic Diffusion in Image Processing. Stuttgart [M], B. G. Teubner, 1998.

[11] Stanley Osher, Nikos Paragios, Geometric Level Set Methods in Imaging, Vision, and Graphics [M], Springer, 2003.

[12] Stanley Osher, Ronald Fedkiw, Level Set Methods and Dynamic Implicit Surfaces [M], Springer, 2002.

[13] G. Aubert, P. Kornprobst, Mathematical Problems in Image Processing (2nd) [M], Springer, 2006.

[14] Fr'ed'eric Cao, Geometric Curve Evolution and Image Processing [M], Springer, 2003.

[15] Yoshikazu Giga, Surface Evolution Equations _ A Level Set Approach [M], Birkhauser Verlag, 2006.

[16] A. Kuijper, The deep structure of Gaussian scale space images, Ph. D thesis [D], Utrecht University, 2002.

[17] L. Alvarez, F. Guichard, P.-L. Lions, and J.-M. Morel, Axioms and fundamental equations of image Processing [J], Tech. Rep., Ceremade, Universit'e Paris-Dauphine, Paris, France, 1992.

[18] D. Marr, Early processing of visual information [J], Phil. Trans. Royal Soc (B), 1976 (27): 483 : 524.

[19] D. Marr, Vision. W. H. Freeman [M], New York, 1982.

[20] R. Watt, Visual Processing: Computational, Psychophysical and Cognitive Research [C]. London: Lawrence Erlbaum Associates, 1988.

[21] S. G. Mallat, Multifrequency channel decompositions of images and wavelet models [J], IEEE Trans. Acoustics, Speech and Signal Processing, 1989 (37): 2091: 2110.

[22] S. G. Mallat and S. Zhong, Characterization of signals from multi-scale edges [J], IEEE Trans. Pattern Analysis and Machine Intell., 1972 (14): 710: 723, 1992. K. V. Mardia, Statistics of Directional Data. Academic Press, London.

[23] J. J. Koenderink, The structure of images [J], Biological Cybernetics, 1984 (50): 363: 370.

[24] L. M. J. Florack, B. M. ter Haar Romeny, J. J. Konenderink, and M. A. Viergever, Scale and the differential structure of images [J], Image and Vision Computing, July/August, 1992 (10): 376: 388.

[25] A. P. Witkin, Scale-space filtering, in Proc [C]. 8th Int. Joint Conf. Art. Intell., (Karlsruhe, West Germany), 1019: 1022, Aug 1983.

[26] J. J. Koenderink, Solid Shape [M]. MIT Press, Cambridge, Mass, 1990.

[27] J. Weickert, S. Ishikawa, A. Imiya, Linear scale-space has first been peoposed in Japan [J], Journal of Mathematical Imaging and Vision, 1999 (10): 237: 252.

[28] T. Lindeberg, Scale-space behaviour of local extrema and blobs [J], J. of Mathematical Imaging and Vision, Mar, 1992 (1): 65: 99.

[29] T. Lindeberg, Detecting salient blob-like image structures and their scales with a scale-space primal sketch—A method for focus-of-attention [J], Int. J. of Computer Vision, 1993, 38 (3): 282: 318.

[30] F. Mokhtarian and A. Mackworth, Scale-based description and recognition of planar curves and two-dimensional objects [J], IEEE Trans. Pattern Analysis and Machine Intell., 1986 (8): 34: 43.

[31] Harris, C., Stephens, M.: A combined corner and edge detector [C]. In: Proc. 4th Alvey Vision Conf, 1988, 189: 192.

[32] J. Babaud, A. P. Witkin, M. Baudin, and R. O. Duda, Uniqueness of the Gaussian kernel for scale-space filtering [J], IEEE Trans. Pattern Analysis and Machine Intell., 1986, 8 (1): 26: 33.

[33] Lindeberg, T.: Scale-space theory: A basic tool for analysing structures at different scales [J]. J. of Applied Statistics, 1994, 21 (2): 224: 270.

[34] Lowe, D.: Distinctive image features from scale-invariant keypoints [J]. Int. J. Comput. Vision, 2004, 60 (2): 91: 110.

[35] Mikolajczyk, K., Schmid, C.: Scale and affine invariant interest point detectors [J]. International Journal of Computer Vision, 2004, 60 (1) 63: 86.

[36] Schmid, C., Mohr, R., Bauckhage, C.: Evaluation of interest point detectors [J]. Int. J. Comput. Vision, 2000, 37 (2): 151: 172.

[37] Mikolajczyk, K., Schmid, C.: A performance evaluation of local descriptors [J]. IEEE Transactions on Pattern Analysis & Machine Intelligence, 2005, 27 (10): 1615: 1630.

[38] G. Sapiro and A. Tannenbaum, Affine invariant scale - space [J], Int. J. of Computer Vision, 1993, 11 (1): 25: 44.

[39] S. Grossberg, Neural dynamics of brightness perception: Features, boundaries, diffusion, and resonance, Percept [J] . Psychophys, 1984, 36 (5): 428: 456.

[40] J. J. Clark, Singularity theory and phantom edges in scale - space [J], IEEE Trans. Pattern Analysis and Machine Intell, 1988, 10 (5): 720: 727.

[41] P. Perona and J. Malik, Scale - space and edge detection using anisotropic diffusion [J], IEEE Trans. Pattern Analysis and Machine Intell, 1990, 12 (7): 629: 639.

[42] Perona P, Malik J Scale - space and edge detection using anisotropic diffusion [J] . IEEE transaction 13 on Pattern Analysis and Machine Intelligence, 1990, 12 (7): 629: 639.

[43] D. Terzopoulos, Regularization of inverse visual problems involving discontinuities [J], IEEE Trans. Pattern Analysis and Machine Intell. , 1986, 8: 413: 424.

[44] 吴健，崔志明，徐婧，等．基于Level Set模型的彩色脑血管图像骨架提取算法 [J] . 计算机科学，2009，36 (12)：278：281.

[45] L. Alvarez, P. L. Lions, and J. M. Morel, Image Selective Smoothing and Edge Detection by Nonlinear Diffusion [J] . SIAM Journal on Numerical Analysis, 1992 (129): 845: 866.

[46] S. OSher, J. A. Sethian, Front Propagating with Curvature Dependent Speed: Algorithms Based on Hamilton - Jacobi Formulations [J], Journal of Computational Physics, 1988, 79: 12: 49.

[47] J. Shah, Segmentation by non - linear diffusion, in Proc [J] . IEEE Comp. Soc. Conf. on Computer Vision and Pattern Recognition, 1991: 202 - 207.

[48] J. Gomes and O. Faugeras, Reconciling Distance Functions and Level Sets [J], Journal of Visual Communication and Image Representation, 2000, 11 (2): 209: 223.

[49] S. Osher, J. A. Sethian, Level Set Methods and Dynamic Implicit Surface [J], New York: Springer - Verlag, 2002.

[50] H. K. Zhao, A Fast Sweeping Method for Eikonal equations [J], Mathematics of Computation, 2004, 74 (250): 603: 627.

[51] J. A. Sethian, Level Set Methods [M] . Cambridge, U. K. : Cambridge Univ. Press, 1996.

[52] F. Mokhtarian, M. Bober, Curvature Scale Space Representation: Theory, Applications, and MPEG - 7 Standardization [M], Kluwer Academic Publishers, 2003.

[53] M. Kass, A. Witkin, and D. Terzopoulos, Snakes: Active contour models [J], Internat. J. Comput. 1988, 1: 321: 331.

[54] T. Chan and L. Vese, Active Contours without Edges [J], IEEE Trans. Image Process. 2001, 10: 266: 277.

[55] 钱惠敏，茅耀斌，王执铨．基于各向异性扩散的几种平滑算法比较及改进 [J] . 南京理工大学学报，2007，31 (5)：606：610.

[56] T. Chan, and L. Vese, Active Contours without Edges for Vector - valued Imges [J], Journal of Visual Communication and Image Representation 11, 2000: 130 - 141.

[57] Nagao M. Edge Preserving Smoothing [J] . CGIP, 1979, 9: 394 - 407.

[58] Rudin L I. Image, Numerical Analysis of singularities and shock filter [D]. Ph. D dissertation Caltech, Pasadena, California, 1987.

[59] 宋锦萍，职占江. 图像分割方法研究 [J]. 现代电子技术. 2006, 6: 59-64.

[60] Osher S, Rudin L, Feature-oriented image enhancement using shock filters [J]. SIAM J. on Numerical Analysis, 1990, 27: 919-940.

[61] Evans L C, Spruck J. Motion of Level Sets by Mean Curvature [J]. Diff Geormetry, 1991, 16 (9): 200: 257.

[62] Koepfler G, Lopez C, Morel J M. A Multiscale Algorithm for Image Segmentation by Variationa Method [J]. SIAM journal on Numerical Analysis, 1993.

[63] Alvarez L, Guichard F, Lions P L, et al. Axioms and Fundamental Equations of Image Processing Archive for Rational Mechanics and Analysis [J], 1993, 16 (9): 200: 257.

[64] Kass M, Witkin A, Terzopoulos D. Snakes: active contour models [C]. 1st Int. Computer Vision Conf., (777), 1987.

[65] 陈一虎，叶正麟. 一种改进的各向异性扩散图像去噪方法 [J]. 计算机工程与应用, 2008, 44 (13): 170: 172.

[66] Baraldi, A., Parmiggiani, F., A Nagao-Matsuyama approach to high-resolution satellite image classification [J]. pp. 749-758, IEEE Transactions on Geoscience and Remote Sensing, 1994, 32 (4).

[67] F. Catte, et al. Image selective smoothing and edge-detection by nonlinear diffusion [J]. SIAM Joumal on Numerical Analysis, 1992, 29 (1): 182: 193.

[68] 林宙辰，石青云. 一个能去噪和保持真实感的各向异性扩散方程 [J]. 计算机学报, 1999, 22 (11): 1133: 1137.

[69] Zhouchen Lin, Qingyun Shi. An anisotropic diffusion PDE for noise reduction and thin edge preservation [C]. In: Proc Tenth International Conference on Image Analysis and Processing, Venice, Italy, 1999.

[70] Mannos J L, Sakrison D J. The effects of a visual fidelity criterion on the encoding of images [J]. IEEE Trans on Information Theory, 1974, 20 (4): 525.

[71] 丛舸. 计算机视觉中的非线性尺度空间理论 [博士学位论文] [D]. 中国科学院自动化研究所，北京, 1997.

[72] ZhouWang, AlanConradBovik. A universal image quality index [J]. IEEE Signal Processing Letters, 2002, 9: 81.

[73] ZhouWang, AlanConradBovik, HamidRahimSheikh, et al. Image quality assessment: from error visibility to structural similarity [J]. IEEE Transactions on Image Processing, 2004, 13 (4): 600.

[74] 叶盛楠，苏开那，肖创柏，等. 基于结构信息提取的图像质量评价 [J]. 电子学报, 2008, 36 (5): 856.

[75] 杨春玲，旷开智，陈冠豪，等. 基于梯度的结构相似度的图像质量评价方法 [J]. 华南理工大学学报：自然科学版, 2006, 34 (9): 22.

[76] 李庆扬，数值分析基础教程 [M]. 北京：高等教育出版社, 2001.

[77] V. I. Arnold, editor. Dynamical Systems V: Bifurcation Theory and Catastrophe Theory [J], volume 5 of Encyclopaedia of Mathematical Sciences. Springer-Verlag,

Berlin, 1994.

[78] Zhihui Yang, Wenjuan Cui, Mengmeng Zhang. Deep Structure of Gaussian Scale Space. IEEE International Conference on Computer Science and Software Engineering. pp. 381 - 384, 2008.

[79] MengMeng Zhang, Zhihui Yang, Yang Yang, Yan Sun. Bifurcation Properties of Image Gaussian Scale - space Model, will be published by the international journal Advanced Science Letter, May 2012.

[80] D. P. L. Castrigiano, Catastrophe Theory [M], Westview Press, 2004.

[81] J. J. Clark, Singularity theory and phantom edges in scale space [J], IEEE Transactions on PAMI, 1988, Vol. 10 (5): 720: 726.

[82] J. Damon, Local Morse theory for Gaussian blurred functions [J], in Sporring et al., 1997, 147: 162.

[83] L. M. J. Florack, A. H. Salden, B. M. ter Haar Romeny, J. J. Koenderink, and M. A [J]. Viergever, Nonlinear scale - space, Image and Vision Computing, 1995, 3 (4): 279: 294.

[84] M. Golubitsky, D. G. Schaeffer, Singularities and Groups in Bifurcation Theory [J], Math. Sci. 51, Springer - Verlag, New York, Appl 1995, 1.

[85] L. D. Griffin, A. C. F. Colchester, Superficial and deep structure in linear diffusion scale space: isophotoes, critical points and separatrices [J], Image and vision Computing, 1995, 13 (7): 543: 557.

[86] R. Hummel, R. moniot, Reconstructions from aero crossing in scale space [J], IEEE Trans. om acoustics, speech and signal processing, 1989, 37 (2): 2111: 2130.

[87] T. Iijima, Basic theory on normalization of a pattern (in case of typical one - dimensional pattern) [J], Bulletin of Electrical Laboratory, 1962, 26: 368 - 388.

[88] J. J. Koenderink. Image structure. In M. A. Viergever and A. Todd - Pokropek, editors, Mathematics and Computer Science in Medical Imaging, NATO ASI Series [J] . F: Computer and Systems Sciences, Springer - Verlag, 1987, 39: 67: 104.

[89] A. Kuijper and L. M. J. Florack, Using Catastrophe Theory to Derive Trees from Images [J], Journal of Mathematical Imaging and Vision, 2005, 23: 219: 238.

[90] A. Kuijper and L. M. J. Florack, M. A. Viergever, Scale space hierarchy [J], Journal of Mathematical Imaging and Vision, 2003, 18: 169: 189.

[91] M. Lillholm, M. Nielsen, Feature - based image analysis [J], International Journal of Computer Vision, 2003, 52 (2/3): 73: 95.

[92] T. Lindeberg, Feature detection with automatic scale selection [J], InternationalJournal of Computer Vision, 1998, 30 (2): 79: 116.

[93] J. Mather, Stability of C ∞- mappings: Finitely determined map terms [J], Inst. Hautes E'tudes Sci. Publ. Math, 1968, 36: 127: 156.

[94] B. Platel, F. M. W. Kanters, L. M. J. Florack, etc. Using Multiscale top points in image matching [C], International Conference on Image Processing, 389: 392, 2004.

[95] J. Sporring, M. Nielsen, L. Florack, P. Johansen (Eds.) [J], Gaussian scale - space theory, Kluwer Academic Publishers, 1997.

[96] Han Chunming, Guo Huadong, Wang Changlin et a1. A New Multiscale Edge Detection Techinique [J]. Tan Qulin Geoscience and Remote Sensing Symposium. IGARSS'02. IEEE International, 2002 (6): 3402: 3404.

[97] Demigny D. An Optimal Linear Filtering for EdgeDetection [J]. IEEE Transactions on Image Processing, 2002, 11 (7): 728: 737.

[98] 张萌萌，杨扬，杨志辉，等. 改进的基于单尺度的医学图像边缘检测 [J].《太原理工大学学报》, 2011, 42 (4): 329: 333.

[99] 李夏. 尺度理论框架下的水平集方法研究及其应用. 北方工业大学硕士论文，2011.

[100] Mengmeng Zhang, Zhihui Yang, Xia Li, Yang Yang. A novel zero-crossing edge detection method based on multi-scale space theory. 2010 IEEE 10th International Conference on Signal Processing (ICSP), pp1036-1039. October 2010.

[101] P. perona, J. Malik. Scale Space and Edge Detection Using Anisotropic Diffusion. Pro. IEEE Comp. Soc. Workshop on computer Vision [J], IEEE computer Society Press, Washington, 1996: 16: 22.

[102] D. Marr, and E. C. Hildreth, "Theory of Edge Detection" [M], Proceedings of the Royal Society of London B. 207, 1980: 187: 217.

[103] 张玲华，朱幼莲. 用零交叉方法对图像进行边界检测的研究与实现 [J]. 南京邮电大学学报，Sep, 1997, 17 (3): 46: 60.

[104] Robert s L. Machine perception of three dimensional solids. in: Tippet t J. ed. Opt ical an d Elect rooptical Information Processing [J]. Cambridge: M IT 1965: 159: 197.

[105] Yuille, Alan L.; Poggio, Tomaso A.; Scaling Theorems for Zero Crossings Pattern Analysis and Machine Intelligence [J], IEEE Transactions, 1986, PAMI-8 (1): 15: 25.

[106] W. E. L. Crimson and E. C. Hildreth. "Comments on 'digital step edges from zero crossings of second directional derivatives'." [J] IEEE Trans. Pattern Anal. Machine Intell, Jan 1985, PAMI-7: 121: 129.

[107] Thom, Rene. Structural Stability And Morphogenesis [M]. Westview Press. Jan. 1994.

[108] E. Balmachnova, L. M. J. Florack, B. Platel and F. M. W. Kanters. Stability of Top-Points in Scale Space [C], Scale Space Methods in Computer Vision. Proceedings of the 5th international conference on Scale Space 2005, Germany, April 2005: 62: 72.

[109] F. M. W. Kanters, B. Platel, L. M. J. Florack, and B. M. ter Haar Romeny. Content based image retrieval using multiscale top points [C]. In Proceedings of the 4th international conference on Scale Space Methods in Computer Vision (Isle of Skye, UK,), June 2003: 33: 43.

[110] F. M. W. Kanters, L. M. J. Florack, B. Platel, and B. M. ter Haar Romeny. Image reconstruction from multiscale critical points [C]. In Proceedings of the 4th international conference on Scale Space Methods in Computer Vision (Isle of Skye, UK,), June 2003: 464: 478.

[111] 张少辉，沈晓蓉，范耀祖. 一种基于图像特征点提取及匹配的方法 [J]. 北京航空航天大学学报，2008, 34 (5): 516: 519.

[112] Pal S K, King R A. Image enhancement using smoothing with fuzzy sets. IEEE Transac-

tions on Systems [J], Man and Cybemetics, 1981, 11 (7): 494: 501.

[113] Pal S K, King R A. On edge detection of X - ray images using fuzzy sets [J] . IEEE Trans Patt Analand Machine Intell. , 1983, 5 (1): 69: 77.

[114] Pal S K, Pal N R. A review of images segmentation techniques [J] . Pattern Recognition. 1993, 26 (9): 1227: 1294.

[115] 赵世亮. 基于小波域的模糊增强算法 [J]. 微处理机, 2010 (2): 71: 74.

[116] 高丽, 令晓明. 一种基于模糊增强的多尺度边缘检测 [J]. 兰州交通大学学报, 2008, 27 (4): 106: 108.

[117] 王文娟, 韩峰, 崔桐. 一种基于模糊增强的 Canny 边缘检测方法 [J]. 内蒙古工业大学学报, 2008, 27 (1): 65: 68.

[118] 史卉萍, 耿国华, 周明全, 等. 基于模糊集的图像增强 [J]. 微计算机信息, 2008, 24 (8): 291: 292.

[119] 董鸿燕, 王磊, 李吉成, 等. 基于拉普拉斯金字塔分解的多尺度边缘检测 [J]. 光电工程, 2007, 34 (7): 135: 140.

[120] 廖志武 . 2 - D 骨架提取算法研究进展 [J] . 四川师范大学学报 (自然科学版), 2009, 32 (5): 676: 689.

[121] 朱付平, 田捷 . 基于 Level Set 方法的医学图像分割 [J] . 软件学报, 13 (9): 1866: 1872.

[122] H. Blum, Biological Shape and Visual Science. [J] Journal of Theoretical Biology, 2002, 38: 205 - 287.

[123] 徐婧 . 基于 Level Set 模型的脑血管图像骨架提取研究 [D], 2009.

[124] 陆东莹, 庄天戈 . 基于 Level Set 方法的低对比度医学图像分割 [J] . 上海交通大学学报, 2006, 40 (8).

[125] 赵春江 . 图像目标识别中若干关键技术研究 [D] . 2006.

[126] 赵春江, 施文康, 邓勇 . 具有鲁棒性的图像骨架提取方法 [J] . 计算机应用. 2005, 25 (6): 1305 - 1306.

[127] 庞宵 . 信息熵蚁群算法在特征提取和图像识别中的应用 [D], 2008.

[128] 鲍征烨, 周卫平, 舒华忠 . 一种基于水平集的骨架提取方法 [J] . 生物医学工程研究, 2007, 26 (2): 187: 190.

[129] Hongbo Jiang, Wenping Liu, Dan Wang et al. Connectivity - Based Skeleton Extraction in Wireless Sensor Networks [J] . IEEE Transactions on Parallel and Distributed Systems, 2010, 21 (5): 710: 721.

[130] Tagliasacchi, A, Zhang, H, Cohen - Or, Curve Skeleton Extraction from Incomplete Point Cloud [J] . ACM Transactions on Graphics, 2009, 28 (7): 1: 9.

[131] Au, OKC, Tai, CL, Chu, HK et al. Skeleton extraction by mesh contraction [J]. ACM Transactions on Graphics, 2008, 27 (3): 1: 10.

[132] Torsello A. Correcting curvature - density effects in the Hamilton - Jacobi skeleton [J]. IEEE Transactions on Image Processing, 2006, 15 (4): 877: 891.

[133] Jianning Xu. A generalized discrete morphological skeleton transform with multiple structuring elements for the extraction of structural shape components [J] . IEEE Transactions on Image Processing, 2003, 12 (12): 1677: 1686.

[134] Cornea，N. D.，Silver，D.，Min，Curve - Skeleton Properties，Applications，and Algorithms [J]. IEEE transactions on visualization and computer graphics，2007，13 (3)：530：548.

[135] F. Kanters，T. Denton，A. Shokoufandeh，etc.，Combing different types of scale space interest points using canonical sets，LNCS 4485，2007：374：385.